JN162355

世界初の宇宙ヨット「イカロス」

～太陽の光で宇宙の大海原を翔けろ！～

山下美樹・文
森 治・監修
「IKAROS」プロジェクトリーダー・
JAXA宇宙科学研究所助教

文溪堂

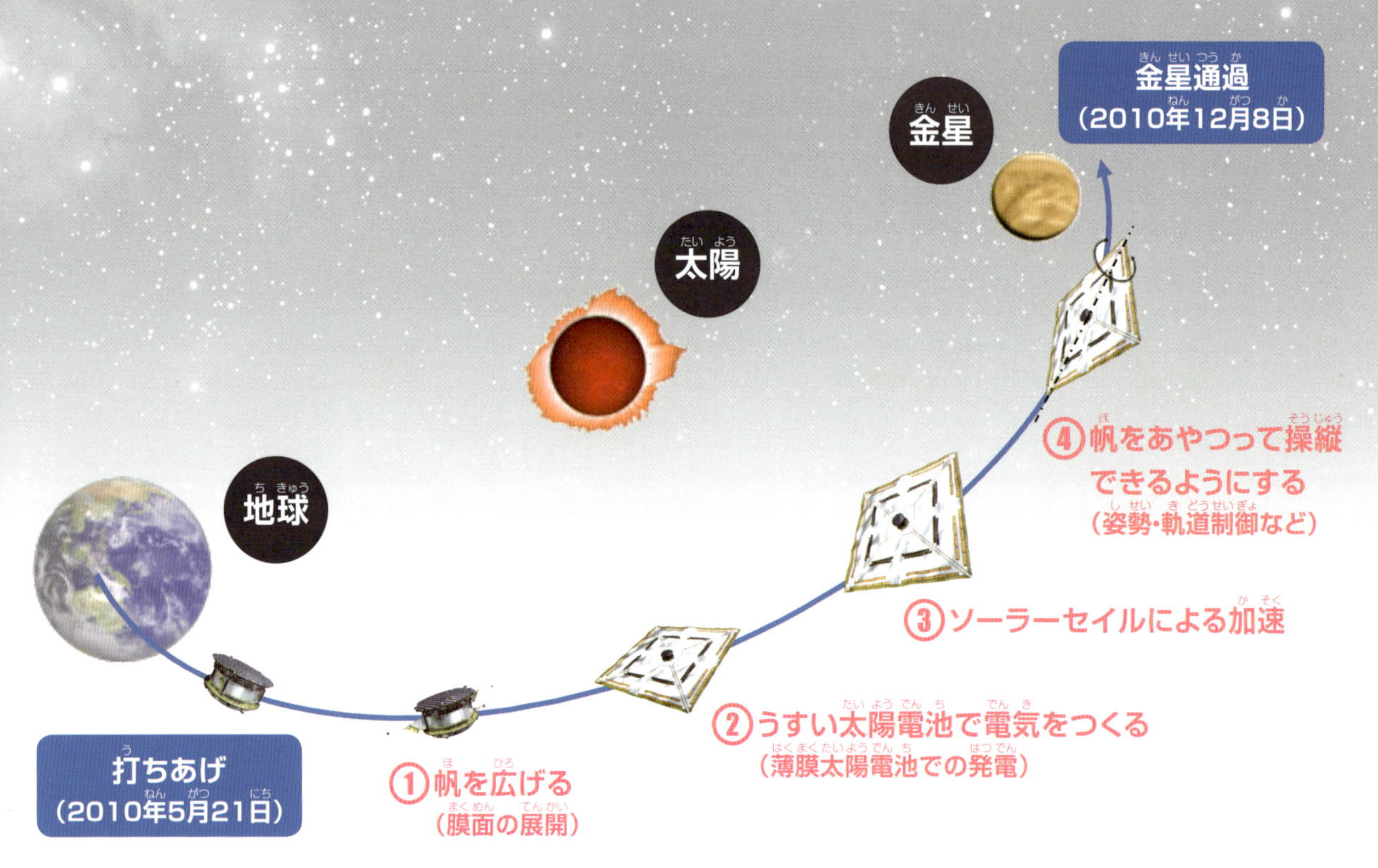

「ソーラー電力セイル実証機イカロス」のミッション

2010年5月21日に地球を出発したイカロスは、2010年12月8日に金星を通過するまでに、予定されたミッションをすべて成功させました。その後、追加ミッションも成功させ、今も太陽を回りながら貴重なデータを集めています。

「イカロス」の打ちあげ

イカロス」と「あかつき」を乗せたH-ⅡAロケット17号機は、鹿児島県の種子島宇宙センターから2010年5月21日午前6時58分に打ちあげられました。

一辺14m

うすい（薄膜）太陽電池

液晶デバイス

ALDN（裏面）

体と帆をつなぐひも（テザー）

おもり（先端マス）

帆を広げた「イカロス」のイメージ図

帆を広げたイカロスを上から見たイメージ図です。表面には、「うすい（薄膜）太陽電池」（→ｐ33）、「液晶デバイス」（→ｐ52）、「おもり（先端マス）」（→ｐ20）が、裏面には「ＡＬＤＮ」（→ｐ50）がついています。

「イカロス」を横から見たところ

Ｈ-ⅡＡロケットに乗せられる前の「イカロス」。中央の銀色に見える部分が、折りたたまれて体にまきつけた帆です。黒い帯状の所は、帆を宇宙で広げるための「ガイド（→ｐ20）」という装置です。

上から見た出発前の「イカロス」と「あかつき」

手前に見えているのが「イカロス」です。頭部分と体にまきつけた帆が見えています。頭部分の黒いラインは太陽電池です。奥に見えるのは、いっしょに宇宙へ旅立った「あかつき」です。

「イカロス」上部の配置

イカロスの頭の部分には、「太陽電池セル」(→ｐ18)、「低利得アンテナ(ＬＧＡ)」(→ｐ71)、分離カメラ「ＤＣＡＭ1、ＤＣＡＭ2」(→ｐ40)、「中利得アンテナ(ＭＧＡ)」(→ｐ71)などが配置されています。

スケートリンクを使った帆の展開実験

左の写真は「一次展開」の時のもの。折りたたまれた帆が４本のうでのようにのびていくのがわかります。右の写真は「二次展開」の時のもの。たたんだ帆を一気に広げています。この実験では、遠心力を使って広げるかわりに、「カーリング」のストーンを氷の上ですべらせました。

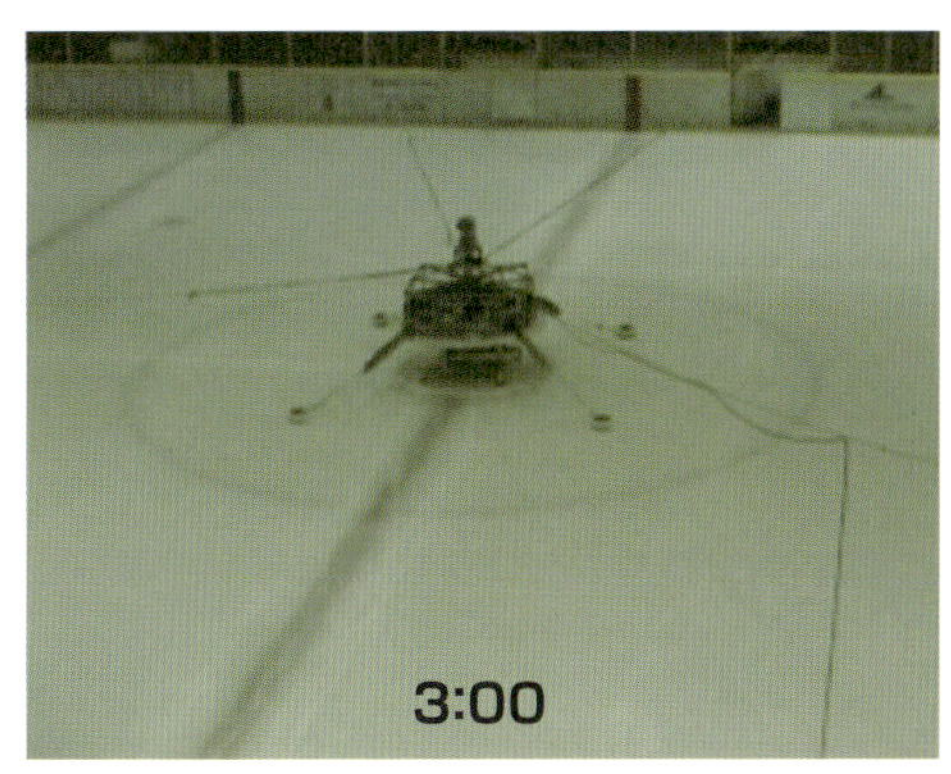

「イカロス」の帆（1／4）

「イカロス」の大きな四角い帆は、４枚の台形の帆からできています。表面はアルミがはりつけてあるので銀色に見え、裏面はアルミの手前にポリイミドがあるので金色に見えます。右上の写真の黄色い丸でかこまれた部分は、うすい（薄膜）太陽電池です。

左上は帆にはられた、うすい（薄膜）太陽電池。

左下は帆の材料のポリイミド膜です。黄色く透明で、髪の毛の10分の1くらいのあつさしかありません。

うすい太陽電池（25μm）

ポリイミド膜（7.5μm）

1/4の帆

表面（太陽面）

裏面（反太陽面）

「イカロス」が帆を広げるようす

①「おもり（先端マス）」を分離します。

②「ガイド」を動かしながら、少しずつ４本に折りたたまれた帆をのばしていきます。（一次展開）

③「ガイド」をたおして、一気に帆を広げます。（二次展開）

「イカロス」の帆の展開成功を祝うケーキ

イカロスの打ちあげに成功した時やイカロスの帆の展開に成功した時には、このようなケーキで祝いました。真ん中のデコレーションケーキをイカロスの体に、たくさんのチーズケーキをキラキラ光る帆に見立てています。なお、実際には金色に見えるのは帆の裏側です。

「イカロス」6さいの誕生日

2016年5月23日、6さいの誕生日のお祝いに、イカロス君のファンからおくられたイラストです。まだまだ元気でがんばれ、イカロス君！

次世代の「ソーラー電力セイル探査機」のイメージ図

イカロスの弟は、木星の「トロヤ群」とよばれる小惑星グループのひとつから、カケラをとってくるミッションにチャレンジします。帆の一辺の長さは50m。中央の「はやぶさ2」とくらべるとその大きさがわかります。

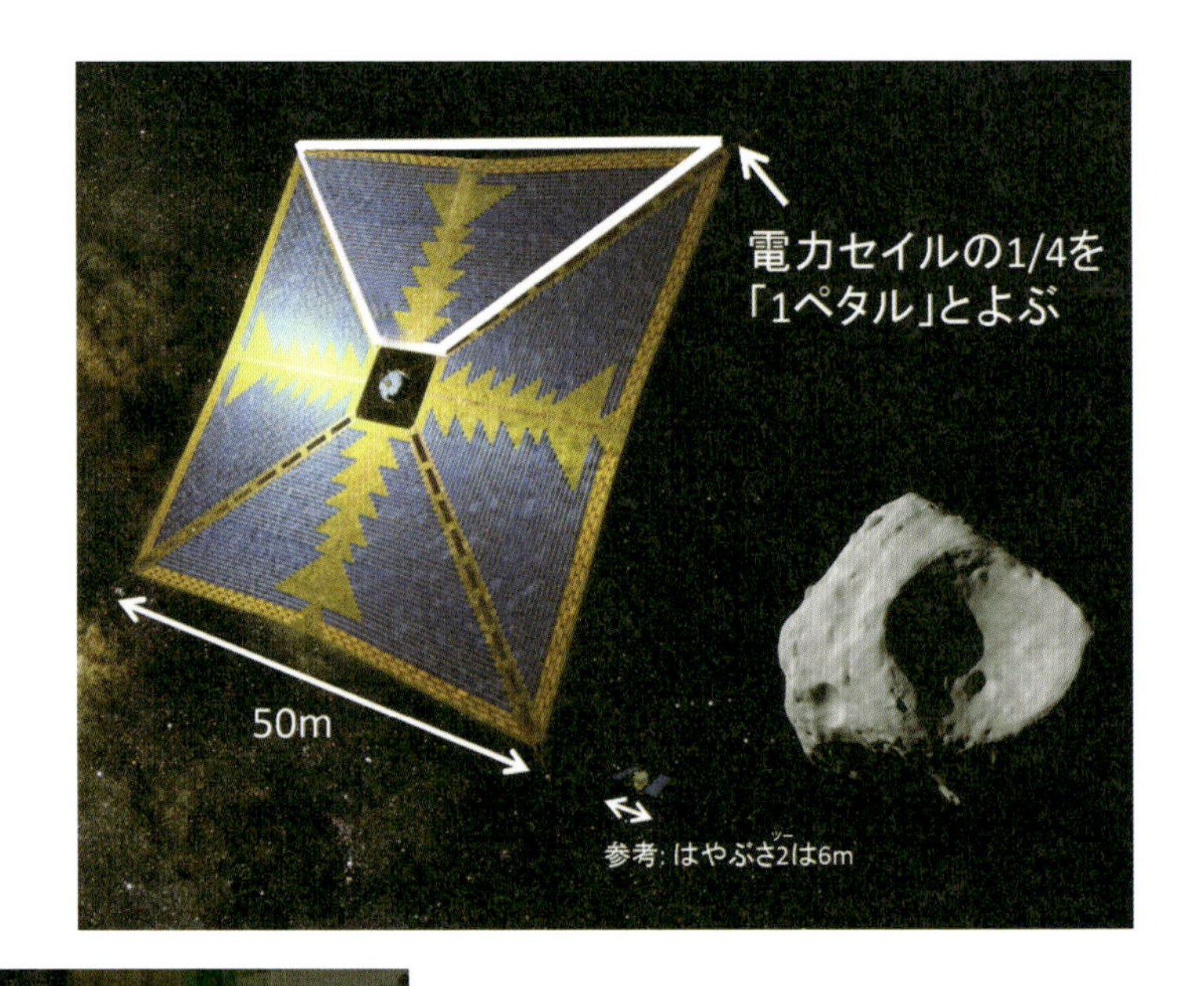

次世代ソーラー電力セイルの実験のようす

2016年7月13日に行った、実物大の帆の1/4（1ペタル）を広げる実験のようす。上図の白枠部分にあたる帆が広げられました（写真の金色のところ）。写真手前で銀色に光っているのが、イカロスの実物大の帆の1/4（1ペタル）です。

くらべるとイカロスの一辺14メートルの帆が小さく感じます。

実験内容の説明をする森治先生

次世代ソーラー電力セイルの前で説明をする森先生。
金色の丸い部分は、帆を展開させるための新しい仕組みです。
上の写真の1ペタル中央の金の△部分です。

もくじ

はじめに

ボクの名前は、『ソーラー電力セイル実証機ＩＫＡＲＯＳ』。ロケットに乗った時のボクの体は、重さ三百十キログラム、直径一・六メートル、高さ〇・八メートルの円柱形。一辺が十四メートルある四角い帆を折りたたんで、体にまきつけていたから、大きな丸いケーキみたいな形だった。

宇宙に行ったら、折りたたんだ帆をパッと広げて四角い宇宙船に変身するよ。帆を広げて宇宙を進むから、*宇宙ヨットともよばれている。

宇宙ヨットは、風のかわりに太陽の光がおす力で進む。太陽の光があればいつまでも進めるから、とってもエコな宇宙船だ。

でも、宇宙へ飛びだしただけじゃ、まだ宇宙ヨットとはいえない。帆を広げて初めて、宇宙ヨットになったといえるんだ。しかも、一人前の宇宙ヨットになるには、広げた帆で太陽の光を受けてスピードをあげたり、帆をかたむけて行き先を変えられなくてはいけない。

それにボクは、ただの宇宙ヨットじゃなくて『ソーラー電力セイル実証機』。ソーラー電力セイルは、帆につけたうすい太陽電池で電気をつくる宇宙ヨットのこと。「実証機」の使命は、新しいチャレンジがうまくいくか、たしかめること。ボクの一番大切なミッションは、世界で初めてのソーラー電力セイルになることだ。

ほかにも、まだどの宇宙船も成功していないチャレンジがいっぱい。どんなチャレンジをしているか、みんなが知ってくれるとうれしいな。

そうそう、ボクの話のあいだには、★もっと教えて森先生！★というコーナーがあるよ。森治先生は、ボクのプロジェクトのリーダーなんだ。ボクも知らない開発秘話を教えてくれるんだって。

ボクのことをもっとくわしく知りたかったら、★もっと教えて森先生！★を読んでね。

それじゃあ、ボクといっしょに宇宙の冒険へ出発しよう！

＊「宇宙ヨット」については、106・107ページにくわしい説明があります。

1　初めての宇宙でいきなりピンチ！

「さん、に、いち、ゼロ……行ってきま～す！」

ボクの声に、ゴォーッというロケットエンジンの音がかさなった。

二〇一〇年五月二十一日。午前六時五十八分。

鹿児島県の種子島宇宙センターから、ボクが乗った大型ロケット、H-ⅡAロケット17号機が打ちあげられた。

ロケットの中から外は見えないけれど、すごいスピードで宇宙に向かっていることはボクにもわかる。

「わぁ、すごいスピードだ！」

「イカロス君、だいじょうぶ？」

「もちろん！」

声をかけてくれたのは、ボクの上の部屋に乗っている、あかつき君。あかつき君は、金星の天気を調べる宇宙船だ。

「あ、スピードがあがったよ！」

宇宙へ旅立つ「イカロス」 深宇宙へ行くため、太陽を回るコースまで、直接H-ⅡAロケットで打ちあげられたのは「イカロス」と「あかつき」が初めてでした。

「下のロケットを切りはなして、スピードをあげたんだね。H‐ⅡAロケットで太陽を回るコースまで打ちあげられるのは、ぼくたちが日本で最初なんだって。がんばろうね！」

あかつき君は、ボクよりずっと前に宇宙へ行くことが決まっていた。いろいろ知っていて、たのもしい。

「うん、がんばろう！」

打ちあげから二十七分がすぎたころ、H‐ⅡAロケットは、地球を見おろしながら、太陽を回るコースにやってきた。

ロケットって、宇宙までこんなに早く来られるんだ。

H‐ⅡAロケットは、まずあかつき君が宇宙に飛びだせるように、頭のカバーを開いた。

「わぁ、地球が青くてきれいだよ！　じゃあ、ぼくは金星に向けて先に出発するよ。

イカロス君も、がんばってね！」

プシュッと宇宙へ飛びだした、あかつき君の声がはずんでいる。

「あかつき君、行ってらっしゃい！　ボクもすぐ後から追いかけるよ」

ボクは、あかつき君にぶつからないように、ロケットが向きを変えてくれるのを待った。あかつき君が乗っていた台がはずれると、宇宙の景色が一気に広がった。

「うわぁ、スゴイ!　宇宙から見る地球って、ほんとに青くてきれいだなぁ!」

ボクは思わず声をあげた。あたりは夜みたいに暗いけど、太陽の光をあびている地球は、ぽっかり青くういている。

先に出発したあかつき君は、もう見えなくなっていた。

ロケットに乗ってすごいスピードで宇宙へやってきたボクたちは、ちょっと飛びだす時間がちがうだけで、はなればなれになってしまう。空気がない宇宙では、ロケットからもらったスピードが落ちないからなんだ。

「さぁ、今度はイカロス君が出発する番だよ」

H-ⅡAロケットはそういうと、くるくる回りながらボクをそっと宇宙へ送りだしてくれた。

ボクは、バレリーナのように回転しながら、元気よく宇宙に飛びだした。ボクは、回転しながら帆を広げることになっている。だから、ずっとくるくる回っていないといけない。

最初は一分間に五回転。十二秒で一回転する速さだ。目の前の景色がくるくると変わっていく。まだ、回転になれていなくて、少し目が回る。

「さあ、ぼくはここでお別れだ。イカロス君を無事に宇宙へ運べてよかった。がんばって、世界初の宇宙ヨットになってくれよ!」

「うん、宇宙まで送ってくれてありがとう！　行ってきまーす！」

H-ⅡAロケットと別れて、いよいよ宇宙の冒険が始まった。

冒険はドキドキするけれど、ワクワクの方がずーっと大きい。

同じ宇宙では、はやぶさ兄さんもがんばっている。

はやぶさ兄さんは、ボクが大好きな宇宙船。七年も宇宙を冒険したお兄さんで、もうすぐ地球にもどってくる。

でも、ボクはまだ宇宙に飛びだしたばかり。これから、うまく帆を広げて、世界初の宇宙ヨットになってみせるぞ！

さぁ、日本でボクの連絡を待っているチームの人たちに連絡だ！

ボクは、くるくると回転を続けて飛びながら、話しはじめた。

「こちら、イカロス。こちら、イカロス。だれか聞こえてる？」

「イカロス、よく聞こえているよ」

十七時十一分。ボクの最初の声は、長野県の臼田にあるアンテナがひろってくれた。

あかつき君も無事だって。よかった！

朝、ボクとあかつき君チームの人たちは、種子島でボクたちの打ちあげを見守ってくれた。打ちあげ成功の時は、握手をしていっしょに喜んでくれたそうだ。今は、急いで東京に向かっているんだって。

「これからの指令は、神奈川県の相模原にある、管制室から送るよ。がんばってくれよ！」

「りょうかい。が、が、が、がんばる！」

あれ？　声がふるえる。しかも、だんだん寒くなってきた……。

「イカロス、調子はどうだ？」

「さ、寒いよ。お、おしりが冷たいんだ。ど、どうして、か、な？」

話をしている間にも、どんどん体が冷たくなっていく。

「本当だ。イカロスの体がどんどん冷えているぞ。大変だ！」

「ボ、ボク、ど、ど、どうしちゃったんだろう⁉」

わけがわからないけど、いきなりの大ピンチだ。

でも、そういえば……。地球にいた時、宇宙は温度の差がとても大きい、きびしい所だって聞いたことがあったっけ。

宇宙空間では、太陽があたる所は百度より暑くて、あたらない所はマイナス百度にもなる寒さだって。

だから、ボクたち宇宙船はみんな、暑さや寒さから守る膜で体をおおってもらっている。体を温めるヒーターも持っている。

ボクの体も、宇宙で暑すぎたり寒すぎたりしないようになっているはずなのに……。

「イカロス、ヒーターを強くして体を温めるんだ」

「り、りょうかい。や、やってみる！」

ボクは、チームの人たちにはげまされながら、ヒーターで体を温めつづけた。

そして、五月二十三日。

「イカロス、体温がもどったよ。キミの頭についている太陽電池で、たくさん電気をつくれたおかげだ。もうだいじょうぶ！」

「よかった。どうもありがとう！」

じつは、ボクの体温はマイナス五十度までさがっていたんだって。おしりから、思っていた以上に体温がにげていたんだ。

もし、体温があがらなかったら、動けなくなるところだった。あぶなかった！

「イカロス、これまでちゃんと予定通りのコースを飛べているよ。寒かったのに、がんばったね！」

「ほんと？　うれしいな。どうもありがとう！」

「それに、もう地球から百万キロも飛んだんだよ」

「わぁ、百万キロかぁ。ずいぶん遠くまできたんだね」

ボクの声は、一秒で地球を七周半できる光と同じ速さで地球までとどく。でも、百万キロもはなれていると、ボクの声が地球にとどいて、すぐ返事をもらっても七秒かかる。

これからどんどん地球から遠くなるから、会話をするのも大変になっていく。でも、ちゃんと予定通りのコースを飛んでいると聞いて、少し自信がついた。よし、この調子でがんばるぞ！

二十四日には、帆を広げやすいように、体の向きを変えることになった。

「イカロス、『スラスタ*』からガスをふいてくれ」

「りょうかい！　これでいい？」

ボクは、スプレーをふくみたいに、ガスをプシュプシュッと出した。このガスのいきおいで、体の向きや回転速度を変えていく。

帆を広げた後なら、太陽の光でも体の向きを変えられるけれど、帆を広げていない間は、スラスタを使うことになっている。

二十六日には、こんな指令がとどいた。

「イカロス、帆についた四つのおもりのロックをはずしてくれ」

「りょうかい！」

いよいよ、宇宙ヨットになるための、帆を広げる準備の始まりだ。

＊「スラスタ」については、107ページにくわしい説明があります。

四本のうでのように折りたたまれた帆は、ボクの体にまきついている。そして、その先には、おもりがついている。帆をきれいに広げるためにつけられているんだ。

でも、ボクにとっては、おもりというより大事なお守りだ。おもりの中には、ボクを応援してくれる人たちの名前やメッセージが書かれたプレートが入っているからだ。

応援してくれているみんな、うまくいくようにいのってて！

そう思いながら、ボクはおもりのロックをはずした。

ボクが回転するいきおいで、四本に折りたたまれた帆の先だけが、ふわーっとおもりといっしょに体からはなれていく。

「おもりをはずしたよ！」

「よくやった。一気に帆を出して引っかかってしまうといけないから、まだ『ガイド』は動かさないからね」

「はい！」

『ガイド』というのは、四本に折りたたまれた帆がいきおいで全部出てしまわないようにしている装置。

地上でテストをしていた時、一気に帆を出すと、からまってしまうことがあった。だから、宇宙ではゆっくり帆を出していくことになっている。

二十八日には、うれしい指令がきた。

「イカロス、はずしたおもりを、写真に撮ってくれ」

「りょうかい。まかせて！」

ボクは体についている四つの小さなカメラで、ボクの体から少しはなれたおもりの写真を撮った。地球で応援してくれている人たちに、早く写真を見てほしいな
（↓22ページ参照）。

そんなことを考えていたら、ちょっと大変な指令がきた。

「イカロス、きれいに帆を広げるために、回転速度をあげていくぞ。目標は、一分に二十五回転だ。がんばれよ！」

「り、りょうかい。がんばる！」

打ちあげから、今まで一分に一回転～五回転で回ってきたから、二十五回転というのはものすごい速さだ。

ボクは、何日もかけて、一分間に十回転、一分間に十五回転と、少しずつ回転速度をあげていった。そして、五月三十一日には、一分間に二十五回転の速さで回転できるようになった。

本当は目がぐるぐる回っていて、一分間に二十五回も回転できているのか、自分ではうまく数えられなかったけれど。

でも、ちゃんと回っていると知らされてうれしかった！　二十五回転できたら、

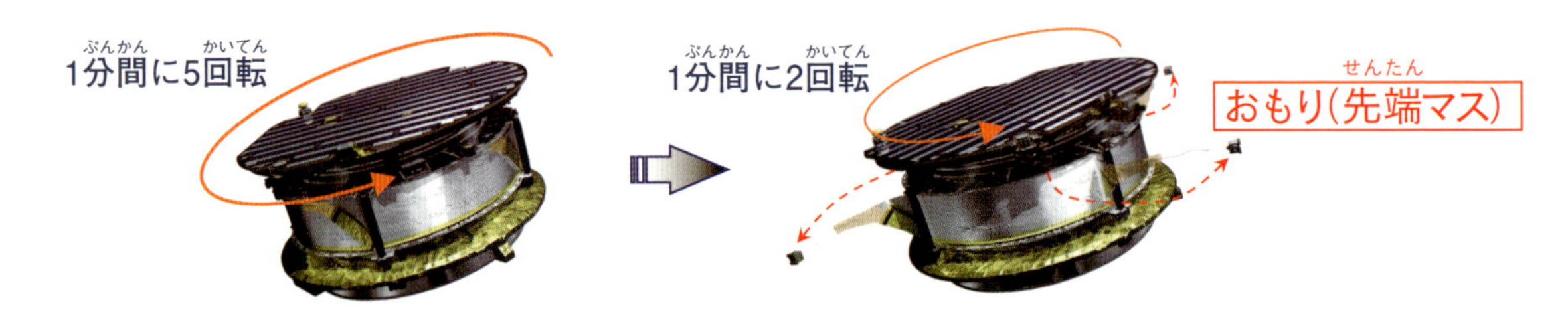

おもりの分離　帆の先についている４つの「おもり（先端マス）」のロックが同時にはずれて体から飛びだすと、イカロスの回転速度はおそくなります。実際、１分間に５回転から２回転になり、分離が成功したことがわかりました。

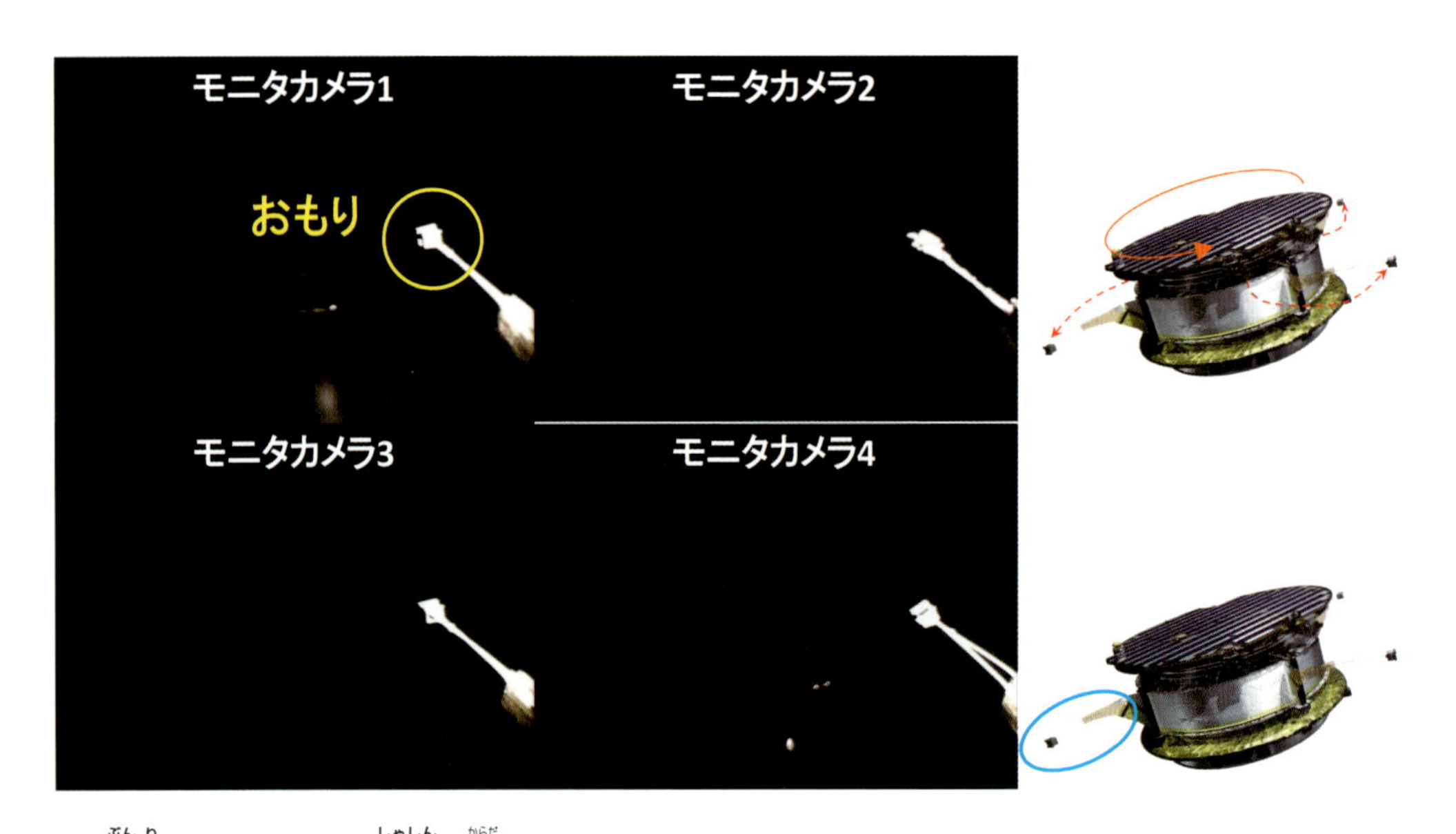

分離されたおもりの写真　体に４つあるカメラで、４つのおもりを1つずつ写しました。右下にあるイラストの青い丸でかこった所が写っています。

帆を広げる準備は完了だ。

ボクが帆をきれいに広げるには、くるくる回る時に生まれる*遠心力っていう力を使う。回るのが速いほど、遠心力は大きくなるんだ。

宇宙で大きな帆をうまく広げられたら、きっと気持ちいいだろうなあ。

大切な帆を広げる時に目なんか回していられない。今のうちに、二十五回転でも目を回さないようにがんばるぞ！

チームのみんな！　きれいに帆を広げて世界初の宇宙ヨットになるからね！

★もっと教えて森先生！★

イカロスが宇宙に旅立つまで

イカロスはいくつかの偶然がかさなって、*深宇宙に旅立つことになりました。もともと、H-ⅡA17号ロケットで深宇宙へ行く予定だったのは、あかつきだけでした。

ところが、あかつきだけでは軽すぎて、ロケットのゆれでこわれてしまうことがわかりました。

ゆれをふせぐには八百キロのおもりが必要です。しかし、せっかくロケットを飛ばすのですから、深宇宙へ行く宇宙船を乗せることになりました。この時、深宇宙を目ざしていたのは、イカロスだけでした。こうして、イカロスは宇宙へ行くことになったのです。


*「遠心力」については、108・109ページにくわしい説明があります。

*「深宇宙」については、109・110ページにくわしい説明があります。

しかし、急に決まったので、時間も予算もありません。開発時間は、通常の半分もない二年半。予算は通常の科学衛星の十分の一の十五億円です。さらに、若手中心のメンバーで人手も十分ではありません。これらの制約に打ちかつため、さまざまな工夫をしました。

イカロスの一番大切なミッションは、世界初の宇宙ヨット、そして、ソーラー電力セイルになることです。そこで、ひとりひとりが使える時間をなるべく、「帆をつくってたたむこと」「宇宙で帆を広げコントロールすること」「帆で発電するしかけをつくること」の三つに使うことになりました。

一方、通信・バッテリー・コンピューターなど宇宙船に共通した部品は、イカロス専用に新しくつくりませんでした。はやぶさなどであまった部品をもらったり、あかつきと同じ部品を用意することで、時間と費用を節約しました。

イカロスの体には、先輩のはやぶさや、いっしょに旅立ったあかつきから受けつがれた部品が、今も活躍しているのです。

2 世界初！ 宇宙ヨット「イカロス」誕生！

二〇一〇年六月一日。

ボクが世界初の宇宙ヨットになるための、最後の準備が終わった。カメラも、ガイドの調子もバッチリだ。

そして、ずっと楽しみにしていた指令が三日にとどいた！

「イカロス、これから帆の一次展開を始めるよ」

「りょうかい。がんばるね！」

一次展開では、帆を全部広げない。まず、四本に折りたたんで体にまいてある帆を出していく。全部出しきると、丸いケーキみたいな形から、四本のうでがのびた十字形に変わる（↓26ページイラスト参照）。

「それじゃ、ガイドをゆっくり動かして帆を出していこう」

「りょうかい！」

ボクはゆっくりガイドを横にずらした。

ガイドを動かした分だけ、四本に折りたたまれた帆が、スルスルと体からのびて

一次展開　４本にたたんで体にまきつけていた帆を「ガイド」を動かしながら遠心力でのばしていきます。帆がのびていくと、回転速度が自然におそくなっていきます。帆が十字形にのびきると一次展開の成功です。

いく。

そっと、そぉっと……。

帆を出していくと、ボクの回転が一分間に七回転までおそくなった。でも、これはちゃんと帆が出ている証拠でもあるんだ。

少し前まで二十五回転していたボクには、七回転なんて楽勝。

「イカロス、いいぞ。その調子、その調子」

その後も、時どき休みながら、少しずつ帆を出していった。

五日には、帆がちゃんとのびているかを確認してもらうために、体についている四つのカメラを使って写真も撮った。

のびた帆に太陽の光があたって、銀色にピカピカ光っている。

ボクの帆は、ポリイミドというすきとおったうすい黄色の膜でできている。でも、表面には光をはねかえすためのアルミがついているから銀色に見える。

今はまだ四本のたんざくのような形だけど、うまく広げられたらピカピカ光ってきれいだろうなぁ。

「おや、イカロスの動きが、予定と少しちがうぞ」

六日、チームの人からいわれてドキッとした。宇宙にやってきた日に寒くて具合が悪くなった時のことが、いっしゅん頭にうかぶ。

でも、今はどこも具合は悪くない。心配はすぐにふきとんだ。

「何がちがうの？　ボクは元気だから、だいじょうぶだよ！」

「……うーん、少しだけ回転が速くなっているんだ」

「そう？　ボクにはわからないけど」

「……ほんの少しのちがいだからね。でも、いちおう点検しよう」

チームの人たち、ボクのことをとても心配してくれているんだな。

よーし、みんなを早く安心させてあげなくちゃ！

「りょうかい。たくさんデータを送るからねー」

ボクは、チームのみんなのために、たくさんデータを集めた。

「帆を写真で確認しながら、ゆっくりのばしていこう」

「りょうかい！」

一次展開後の「イカロス」（イラスト）　丸いケーキのような形の体から、４本にたたんだ帆をのばして十字形になります。


　ボクはもう何も心配していなかった。

　ボクのチームの人の中には、はやぶさ兄さんのチームにいた人が何人もいる。はやぶさ兄さんの時は、七年の旅の間に何度もトラブルがあったけど、かならずチームの人たちに助けてもらっていた。

　だから、どんなことがおきても、チームを信じて指令通りにしていれば、きっとだいじょうぶ。

　ボクは、チームの人たちのいう通りに、少し帆を出しては写真を撮って確認することを、何度も何度もくりかえした。

　八日には、帆を全部出しおえて、とうとうボクは十字形に変身した。

　やったー!!　一次展開の成功だ!

「イカロス、よくやった!!」

「ありがとう!　ボク、がんばったよ!」

「……次は、二次展開だよ。帆を一気に広げるぞ。明日は早起きしてチャレンジするからね。今日はゆっくり休んでいいよ」

「りょうかい。また明日よろしくね！　おやすみなさい」

今日はとても集中したから、ボクもつかれていた。

それに、明日はいよいよ世界初の宇宙ヨットになるための、大きなチャレンジが待っている。明日のために、よく休んでおこう。

そして待ちに待った、九日がやってきた。

「イカロス、今日はいよいよ二次展開にチャレンジしてもらうよ。ガイドをパタンとたおせば、一気に帆が正方形に広がるからね」

「りょうかい。まかせておいて！」

ガイドというのは、一次展開で四本の帆を少しずつ出すために、横にずらしていた装置のこと。このガイドが、帆が四角く広がらないようにおさえていた。

今日はこのガイドをたおして、一気に帆を広げる。やり直しのできない一発勝負。

「帆を広げられたら、キミは世界で初めての宇宙ヨットだよ」

「はいっ。絶対に世界で初めての宇宙ヨットになるからね！」

ボクはチームの人たちの力を信じていた。チームの人たちがボクを信じてくれているように。

「帆が広がると、体がぐらぐらゆれるけれど、数時間でおさまるはずだ。いいね？」

チームの人たち、すごく緊張しているみたい。

なにしろ、ボクはこの時、地球から七百万キロ以上もはなれていたんだ。地球を百七十五周もできる距離だ。

もし何かあっても、ボクの声が地球にとどいて、返事がもどってくるまで五十秒くらいかかってしまう。

「はいっ。よーし、がんばるぞー!!」

これまで準備はバッチリだったから、きっとだいじょうぶ。

「いくよ。イカロス、二次展開だ！」

「りょうかい！」

ボクは、ドキドキしながら、ガイドをたおした。

ぱたん。

ガイドがたおれて、帆が一気にふわーっと広がっていく。

そのとたん、ボクの体が大きく、ぐらぐらゆれはじめた。バランスをとるのがむずかしい。

少しして、地球からの応援の声が聞こえた。

「イカロス、ゆれに負けるな！」

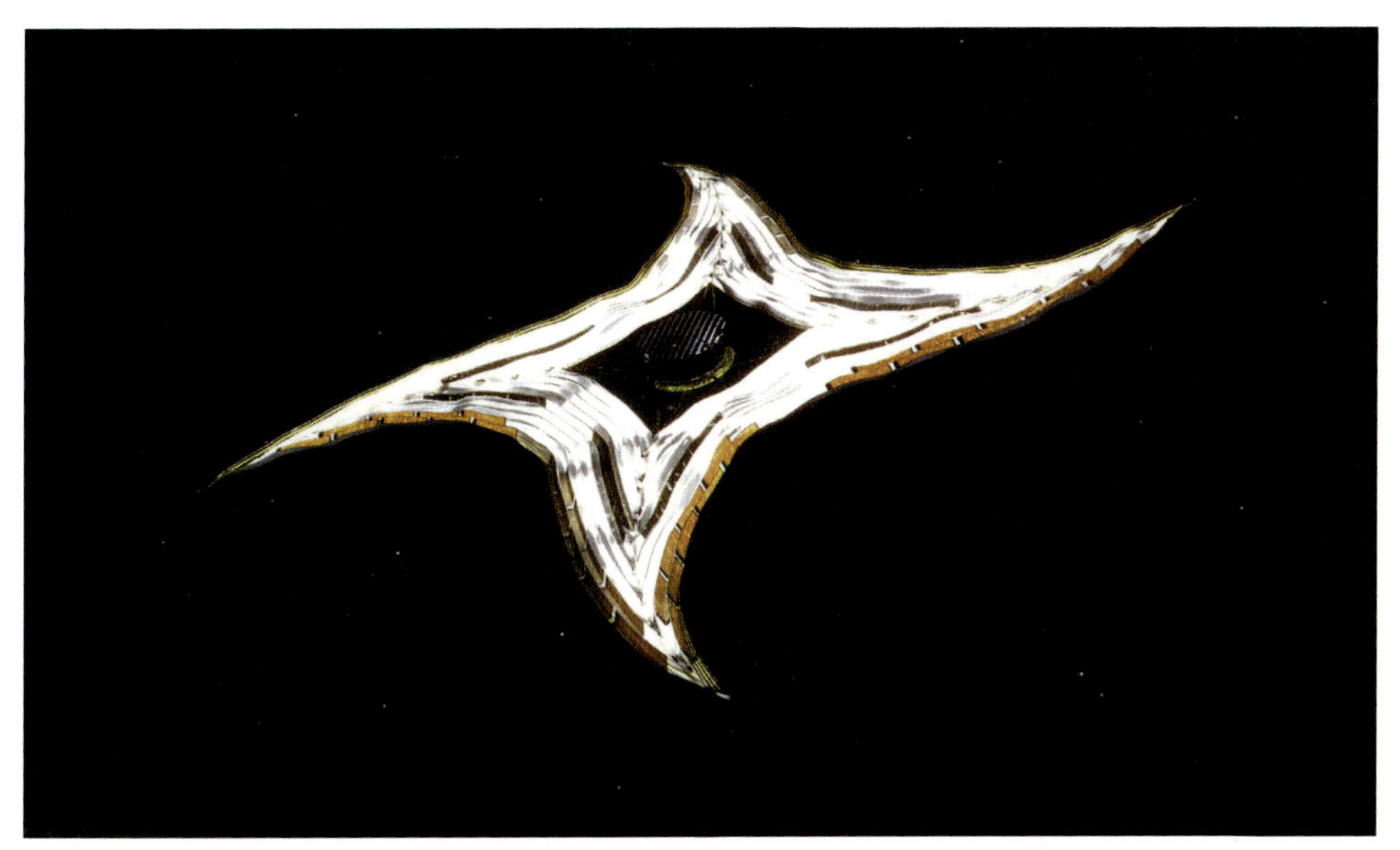

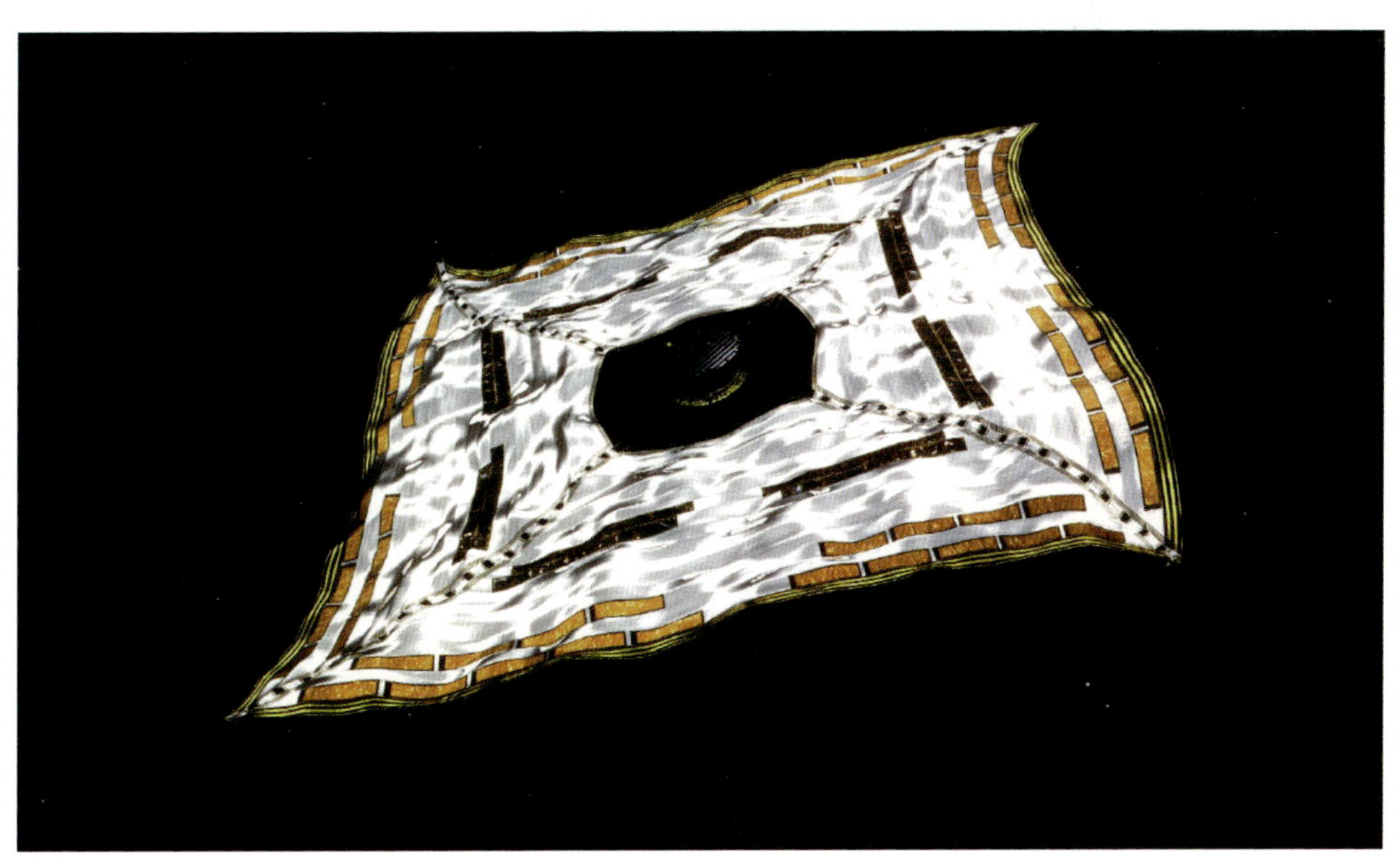

二次展開中の「イカロス」（イラスト）　十字形におさえていたガイドを一気にたおすと、遠心力で帆が広がっていきます。

チームの人たちが応援してくれている。

ボクも、ひっしにゆれをがまんした。ひっくり返りませんように、ひっくり返りませんように……。

六時間くらいかかって、ようやくゆれがおさまった。

「やった、うまくいったよ!!!」

ボクの声、早く地球にとどけ、とどけ、とどけ!!

ボクの声が地球にとどいて、返事がもどってくるまで五十秒。一分より短い時間なのに、ものすごく長く感じる。

そわそわしながら待っていたら、うれしさが爆発したような声が聞こえた。

「バンザーイ! イカロスよくやった! これで、キミは世界で初めての、『宇宙ヨット』だよ!」

後で聞いたんだけど、この時、相模原では、ボクの担当じゃない人たちまで、ボクに拍手を送ってくれたんだって。

「みんな、ありがとう! 本当にありがとう!」

ボクはうれしくて、ほこらしい気持ちでいっぱいになった。

日本生まれのボクが、世界初の宇宙ヨットかぁ。

広げた帆に太陽の光があたって、銀色にピカピカかがやいている。まるで、ボクの気持ちみたいだなぁ。

そう思った時、ボクのスピードが少しあがっていることに気がついた。

「ボク、スピードがあがった気がするけど、もしかして太陽の光の力かな？」

「……………管制室からもスピードがあがっているのが確認できているよ！　太陽の光の力かどうかは、これから確認していくからね。イカロス、本当によくやったよ！　ありがとう」

よーし、世界初の宇宙ヨットとして、これからもいろいろなミッションにどんどんチャレンジするぞ！

まず、帆につけられた百四十四枚のうすい太陽電池で発電だ！

なにしろ、ボクは『ソーラー電力セイル実証機』。帆についている太陽電池で発電して、ようやく名前通りの宇宙船になれるんだ。

それに、帆につけられた太陽電池でうまく発電することは、とても大切なミッションだ。

ボクの後につくられる弟は、ソーラーセイルだけでなく、イオンエンジンも使う。地球から見て太陽とは反対にある、木星の先の宇宙へ行くから、ソーラーセイルとイオンエンジンのハイブリッドがいいんだって。

イオンエンジンを動かすには、たくさんの電気がいる。

それに、太陽から遠いほど光は弱くなっていくから、たくさんの太陽電池で光の弱さをカバーするんだ。

太陽電池でうまく発電できていますように。

ボクは、今日集めたデータや写真を地球に送りつづけた。

そして、十日。

「写真がこっちにとどいたよ！　きれいに帆が広がっているところが、見えているよ！　太陽電池の発電も確認できた！」

「よかったー！　ボク、がんばったんだよぉ〜!!」

こうして、ボクは帆で発電もできる宇宙ヨット、『ソーラー電力セイル』になった！

これが、帆を広げたボク！（35ページのイラスト参照）

十一日には、ボクのミッション成功が、世界でニュースになった。

相模原では、ボクの形のケーキをつくって、みんなでお祝いをしてくれたんだって！

ボクも、そのケーキ見たかったなぁ！

六月十三日。

今日は、ボクの大好きなはやぶさ兄さんが地球に帰る日だ。

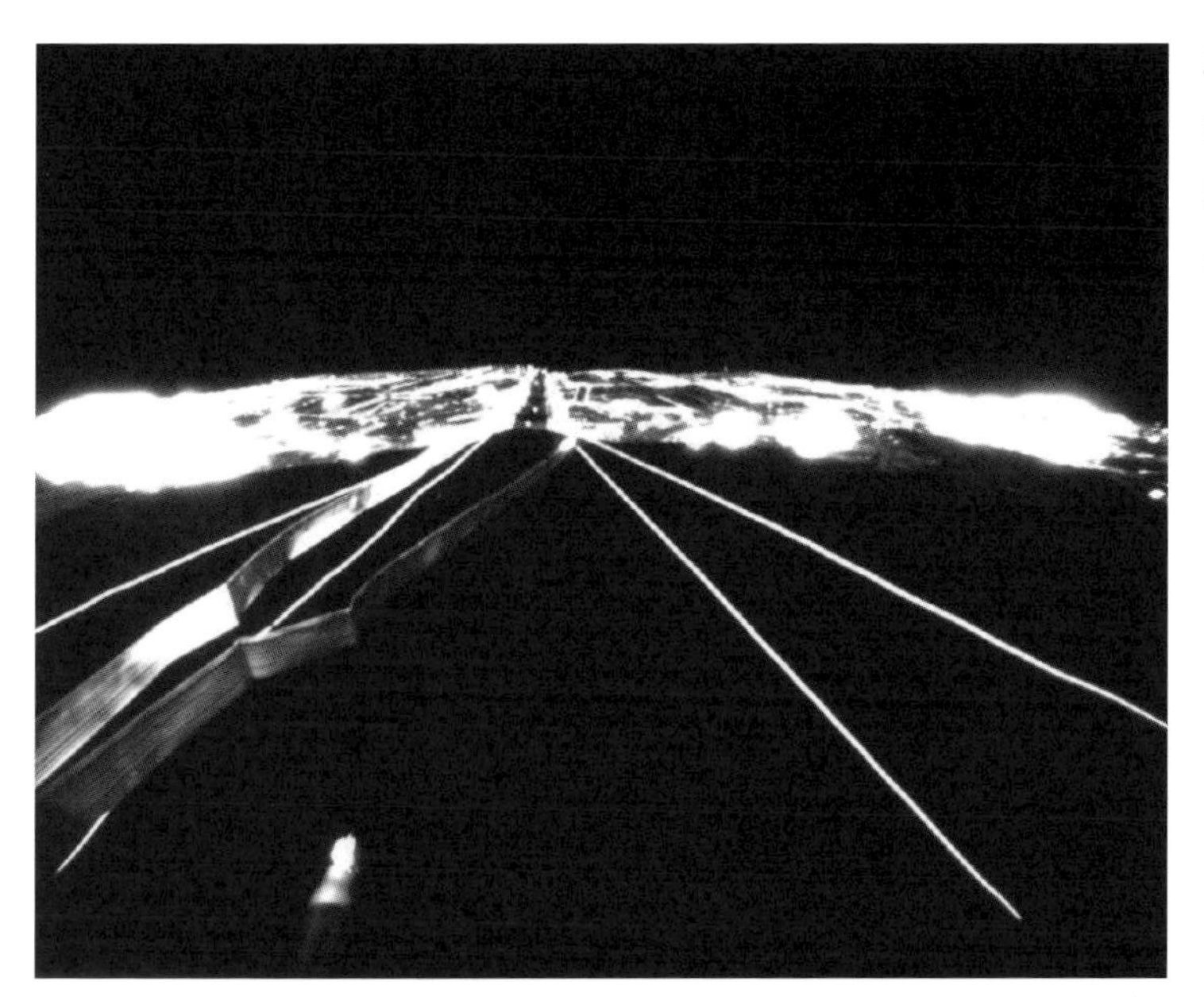

二次展開後の帆　体についているカメラ1で、二次展開後の帆を横から撮った写真。広がった帆がかがやいています。

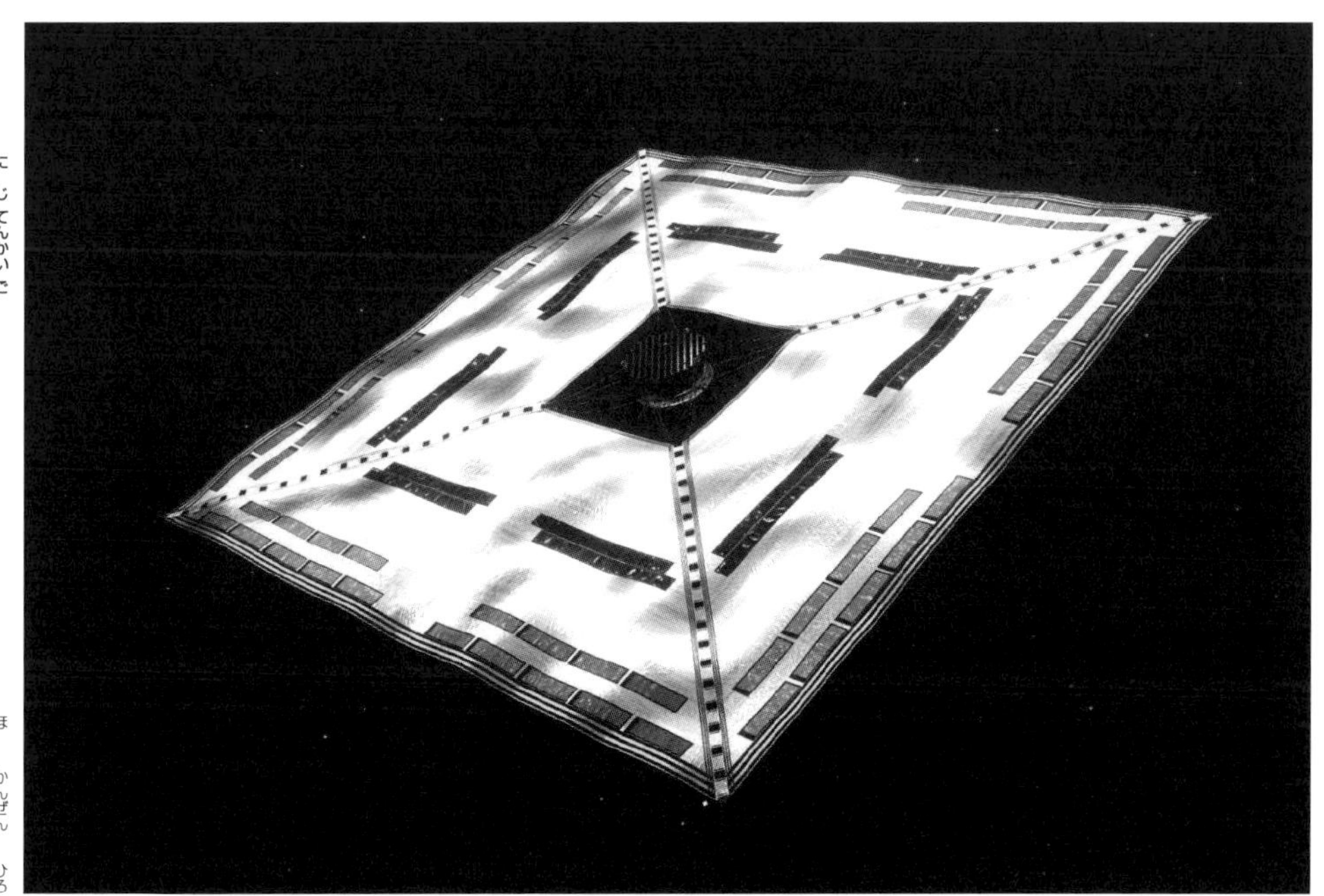

二次展開後の「イカロス」のイラスト　帆が完全に広がると、十字形から大きな正方形になります。

でも、本当に帰れるのは、はやぶさ兄さんがとってきた、イトカワという星のカケラが入ったカプセルだけ。

はやぶさ兄さんは、流れ星になってしまう。

ボクのチームの人の中には、はやぶさ兄さんチームの人もいる。

そのせいか、チームのみんなの声に元気がない。

そして……。

日本時間の午後十時五十一分。

「はやぶさ兄さんが、明るい流れ星になって地球に帰ってきたよ」

地球からの声は、さみしさも伝わったけれど、よくがんばったっていう気持ちの方が強く伝わってきた。

はやぶさ兄さんは、最後まで自分のミッションを成功させようとがんばった、とてもすごい宇宙船だ。

ボクにも、これからむずかしいミッションがたくさん待っている。

でも、はやぶさ兄さんと同じくらい、ボクもがんばってみせる。

ボクは、悲しみをぐっとこらえて、心の中で、はやぶさ兄さんにさようならをいった。

帆の形はこうして決まった！

イカロスの一番の使命は、世界初の宇宙ヨットになることです。

大きな帆を広げたままロケットに乗せられたら楽ですが、一辺十四メートルの帆は大きすぎて入りません。ですから、ロケットに乗せる時には帆をたたみ、宇宙へ行ってから帆を広げる必要があります。

そこで、どのような形の帆をどのように折りたためば、宇宙できれいに広がるのか、折り紙を折って実験をくりかえしました。

クローバー型、四角形、六角形、八角形といった形を、じゃばら折り、平行折り、らせん折り、回転二重折りなど、さまざまな折り方でためします。日本の伝統文化である折り紙が、とても役に立ちました。

それから、一メートル程度の小さい模型をつくりました。その後、四メートル〜十四メートルの帆をつくって、気球から落下させたり、小型ロケットやスケートリンクで帆を広げる実験も行いました。

むずかしいのは、きれいにたためる形が、スムーズ

じゃばら折り（クローバー型）
じゃばら折り（四角形）
平行折り（六角形）
らせん折り（六角形）
回転二重折り（八角形）

候補になった帆の形と折り方 折り紙を使い、さまざまな形や折り方で帆の形が考えられました。

に広がったり、平らになりやすいわけではないというところです。

結局、イカロスの帆は台形を四枚つなげた四角形を、『じゃばら折り（山折りと谷折りをくりかえすこと）』にすることにしました。よい点は、横の直線折りだけで簡単につくれることと、失敗しにくいことでした。欠点は、広がった後、平らになりにくいことでした。

3　宇宙での記念撮影にチャレンジ！

二〇一〇年六月十四日。

はやぶさ兄さん、あかつき君、そしてボク。ミッションはみんなちがうけれど、同時に『深宇宙』を冒険してきた日本生まれのボクたちは、おたがい大事な仲間だ。

だから、はやぶさ兄さんが今日からいないと思うと、とてもさみしい。

でも、いつまでもさみしがってはいられない。

はやぶさ兄さんのように活躍できるよう、ボクもがんばろう。

今日は、とても大切なミッション、『自分撮り』をする日。

『自分撮り』は、自分で自分のことを写真に撮ること。

みんなも、カメラを持つうでをのばして、自分の写真を撮ったことがあるかもしれないね。

ボクには手がないし帆がとても大きいから、頭からプシュッと飛ばせる分離カメラを使って、『自分撮り』をする。

カメラとボクをつなぐものはないから、一度飛びだしたら、もうボクの所にはも

「イカロス」の分離カメラ　イカロスは「DCAM1」（上）と「DCAM2」（下）の2台の分離カメラを宇宙へつれていきました。カメラ（丸いつつ部分）のつくりは同じですが、カメラを宇宙へ送りだす部分が少しちがっています。

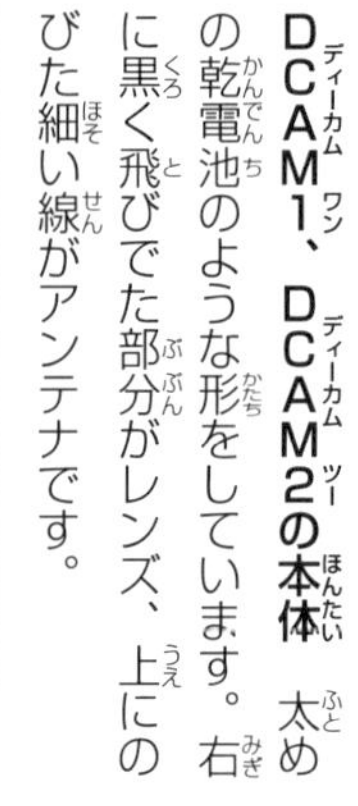

DCAM1、DCAM2の本体　太めの乾電池のような形をしています。右に黒く飛びでた部分がレンズ、上にのびた細い線がアンテナです。

どってこない。

ボクはDCAM1ちゃんとDCAM2君の二台を宇宙につれてきている。カメラにも名前があるけれど、ボクから飛びでるから、ボクが自分で自分の写真を撮ったことになるんだって。

二つのカメラは、太めの乾電池みたいな丸いつつの形で、直径五・六センチ、高さ五・六センチのミニサイズ。

「イカロス、今日はいよいよ分離カメラDCAM2で、『自分撮り』に挑戦だ。調子はどう？」

「うん、とてもいいよ」

じつは、『自分撮り』をする宇宙船は、はやぶさ兄さんに続いてボクが二機目。

はやぶさ兄さんは、世界で初めて自分の体の一部を写真に写すことに成功した。

でも、予定した写真は撮れなかったから、ボクは二台の分離カメラをつけてもらったんだ（↓47ページ参照）。

今日のボクは、調子もバッチリ。ＤＣＡＭ２君をタイミングよく宇宙へ飛ばして、ボクの体全部を写真に撮るぞ！

うまくいったら、はやぶさ兄さんをこえる大成功だ。

分離カメラは、いったんボクから飛びだすと、電池が十分くらいしかもたない。

十分間の真剣勝負だ。

そこへ、地球から指令がとどいた。

「イカロス、ＤＣＡＭ２を飛ばしてくれ」

「りょうかい！」

ボクは、地球に急いで返事をすると、すぐにＤＣＡＭ２君をトン！　と宇宙へ送りだした。

「よし、ＤＣＡＭ２君、行ってこい！」

「行ってきまーす!!」

宇宙へ飛びだす分離カメラ（イラスト）　分離カメラは、イカロスの頭からぴょんとおしだされ、宇宙へ旅立ちました。今も太陽のまわりを回りつづけています。

DCAM2君はそういうと、ボクの頭からぴょんといきおいよく、上に向かって飛びだした。

「わぁ、帆を広げたイカロス君が、すっごく大きく見えるー！　銀色のお花がさいているみたいだよ」

「本当？　うれしいな。ボクのこと、かっこよく撮ってね！」

すると、すぐにデータがとどきはじめた。これでひと安心だ。

DCAM2君は、ビデオのようにボクの姿を動画で送ってくる。ボクは、決められた時間ごとに写真にして保存していく。

本当は動画のまま地球に送りたいけれど、データが大きすぎて送るのに時間がかかりすぎてしまうんだ。

せっかくの動画が写真になるのは、残念だけれど仕方がない。DCAM2君の動画をうまく写真にしなくっちゃ。

時間はどんどんすぎていく。十五分がたった。

「なんだか、だんだんねむたくなってきた……」

DCAM2君の電池が残り少ない。データもかなり受けとりづらくなってきた。

やがて、データはぷつんと切れた。

もうボクの声はとどかない。別れはさみしいけれど、次はボクががんばる番だ。

ボクは、写真にしたデータをどんどん地球に送った。

しばらくして、地球から興奮した声がとどいた！

「一枚目の写真で、頭の太陽電池パネルがはっきり写ってるぞ！」

「ほんと⁉　よかった。まだまだデータを送るからね！」

ボクは十六日までかけて地球にデータを送りつづけた。みんなが、写真をわくわくしながら待っているんだから。

そして、十五枚目を送りおえた時だった。

「イカロスやったぞ！　全身がきれいに写ってる！　深宇宙で、体全部を撮影した世界で初めての宇宙船になったんだ！　みんなで拍手をして、大喜びだよ！」

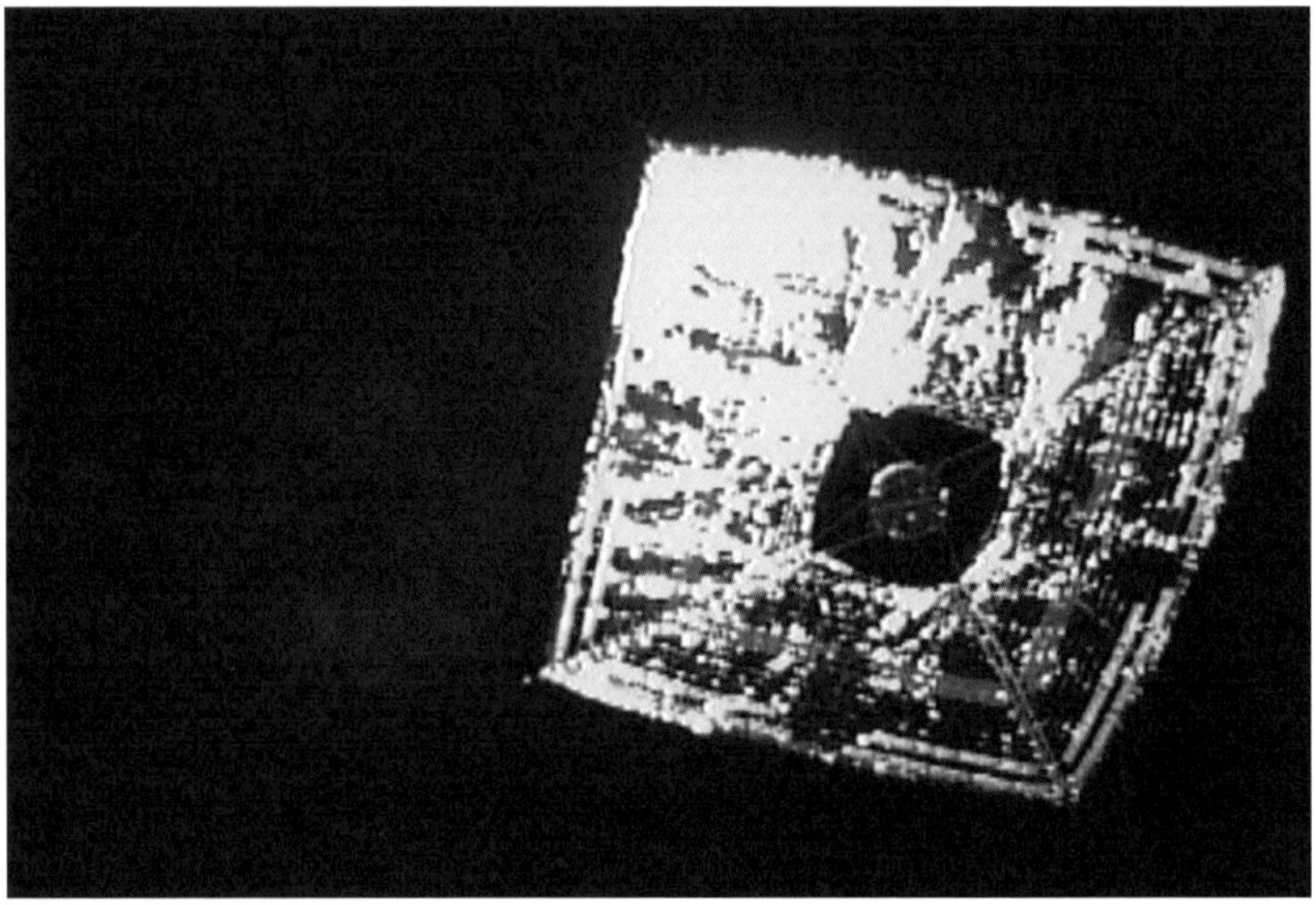

DCAM2が撮った「イカロス」の写真　宇宙でイカロスの帆の展開が成功したという証拠写真になりました。深宇宙を旅する宇宙船を撮った、世界初の写真です。

「やった!!　ボクもすごくうれしいよ」

（DCAM2君、キミのおかげだよ。ありがとう！）

ボクは、心の中でお礼をいった。

六月十九日。

今日は、もう一つの分離カメラのDCAM1ちゃんが、ボクの写真を撮る日だ。

二回目だから、この間よりずっと落ちついていられる。

「イカロス、DCAM1を飛ばしてくれ」

「りょうかい！」

地球からの指令がとどくと、ボクはDCAM1ちゃんを宇宙に送りだした。

「DCAM1ちゃん、がんばれ！」

「はい、行ってきまーす！」

DCAM1ちゃんは、DCAM2君よりゆっくり、ぴょーんと飛びだした。

すぐに、映像のデータがとどきはじめる。ボクも休みなくデータを受けとりつづけた。

十四日と同じように、時間はあっという間にすぎた。十五分をすぎると、データを受けとりづらくなってきた。

そろそろ、お別れの時間だ。

「イカロス君……、わたしたちの……こと、わすれないで……ね」

「もちろんだよ。DCAM1ちゃん、ありがとう！」

ボクの言葉に、返事はなかった。

こうして、二つの分離カメラ、DCAM2君とDCAM1ちゃんは、ミッションを成功させて、長いねむりについた。そして、世界で一番小さな『*惑星間子衛星』になったんだ。

小さなカメラたちが見えなくてさみしいけれど、これからもボクらは近くの宇宙を飛んでいく。さあ、ボクは早く写真を送らなくちゃ！

「イカロス、すごいぞ！　アップのイカロスの写真にDCAM1の影がはっきり写っているんだ。よくやった！」


*「惑星間子衛星」については、110ページにくわしい説明があります。

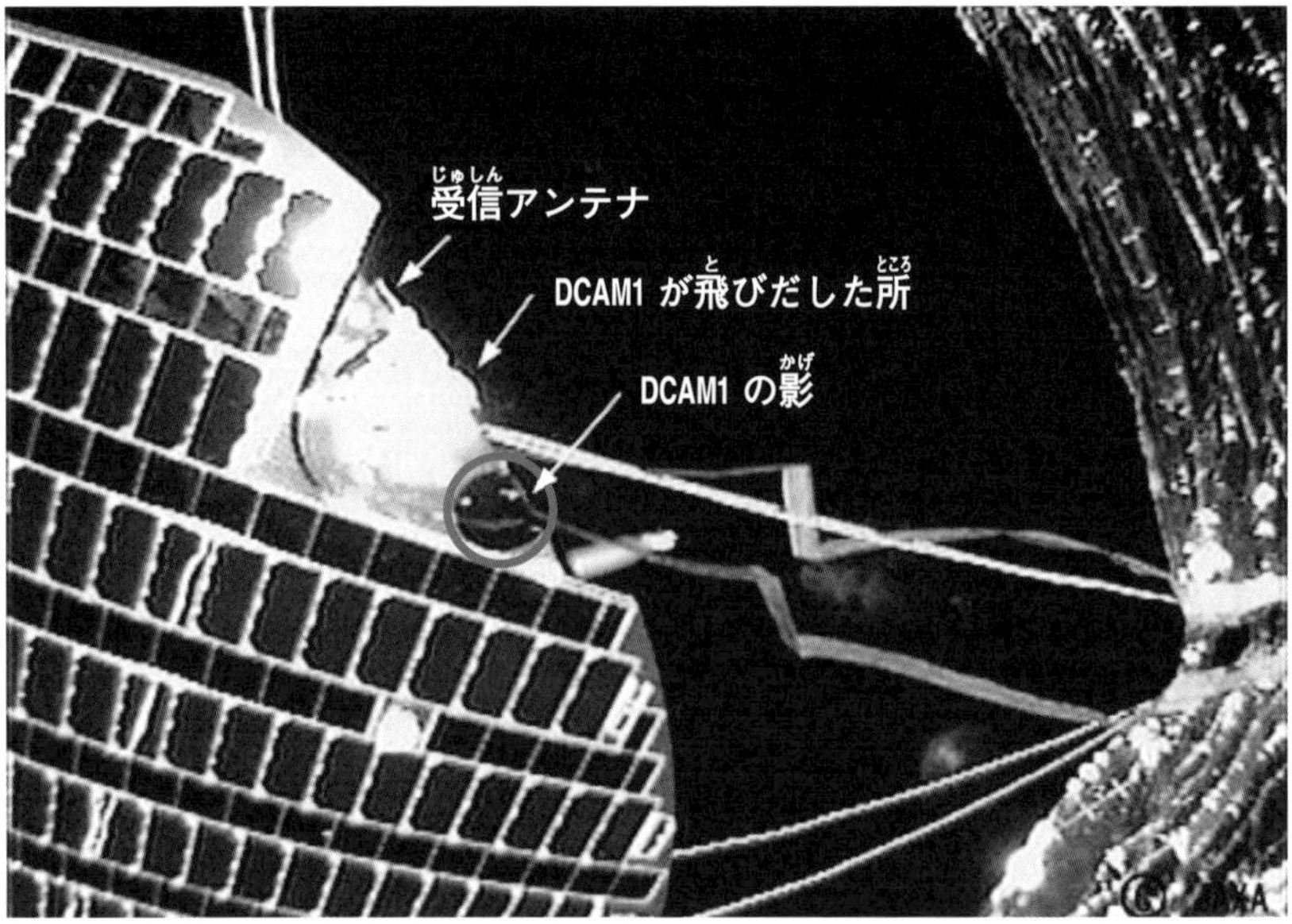

DCAM1の影が写っている写真　イカロスの頭にDCAM1の黒く丸い影が偶然に写りこんでいます。イカロスとDCAM1の記念写真ともいえる、奇跡の1枚です。

「ほんと？　よかった！」

地球からの声を聞いて、ボクはうれしくなった。

そうか、DCAM1ちゃんが撮った写真には、DCAM1ちゃんの影もいっしょに写っていたのか。

（ふたりいっしょの記念写真が撮れたね。DCAM1ちゃん、よくがんばった、エライぞ！　ありがとう）

ボクは、DCAM1ちゃんにも心の中でお礼をいった。

次の日も、その次の日も、ボクは写真を地球に送りつづけた。

地球からどんどんはなれているせいで、一度にたくさんのデータを送れないから大変だ。

でも、地球にきれいな写真がとどいていると聞いて、ほっとした。

写真を送りおわるにはもう少し時間がかかりそうだけど、新しいチャレンジがたくさんボクを待っている。
これからも、がんばるぞ！

イカロスのカメラ

イカロスが宇宙できれいに帆を広げられたかということは、イカロスから送られてくるデータを見ればわかります。しかし、その姿を写真で確認しないと、広がった帆の形などがきちんとわからないという思いがありました。

そこで、イカロスには合計六台のカメラをのせました。イカロスの体の横につけたカメラが四台。この四台は、体の横から帆の状態を撮影します。そして、イカロスの頭からぴょんと宇宙へ飛びだす分離カメラが二台（DCAM1、DCAM2）。この二台は、二次展開後に帆を広げたイカロス全体の姿を「自分撮り」します。

じつは、イカロスより先に、「自分撮り」を成功させたのは、はやぶさです。はやぶさは、手のひらサイズの小型分離ロボットのミネルバを搭載していました。ミネルバの仕事は、小惑星イトカワに着陸し、表面をぴょんぴょん飛びはねながら、写真を撮ることでした。

しかし、はやぶさの調子が悪く、ミネルバをうまく宇宙へ送りだすことができませんでした。その結果ミネルバは、はやぶさの一部を写した後、イトカワを通りすぎて

「イカロス」の体の横につけられたカメラ

下のイラストのように、帆を4方向から写せるよう、4台ついています（写真に見えているのは3台）。

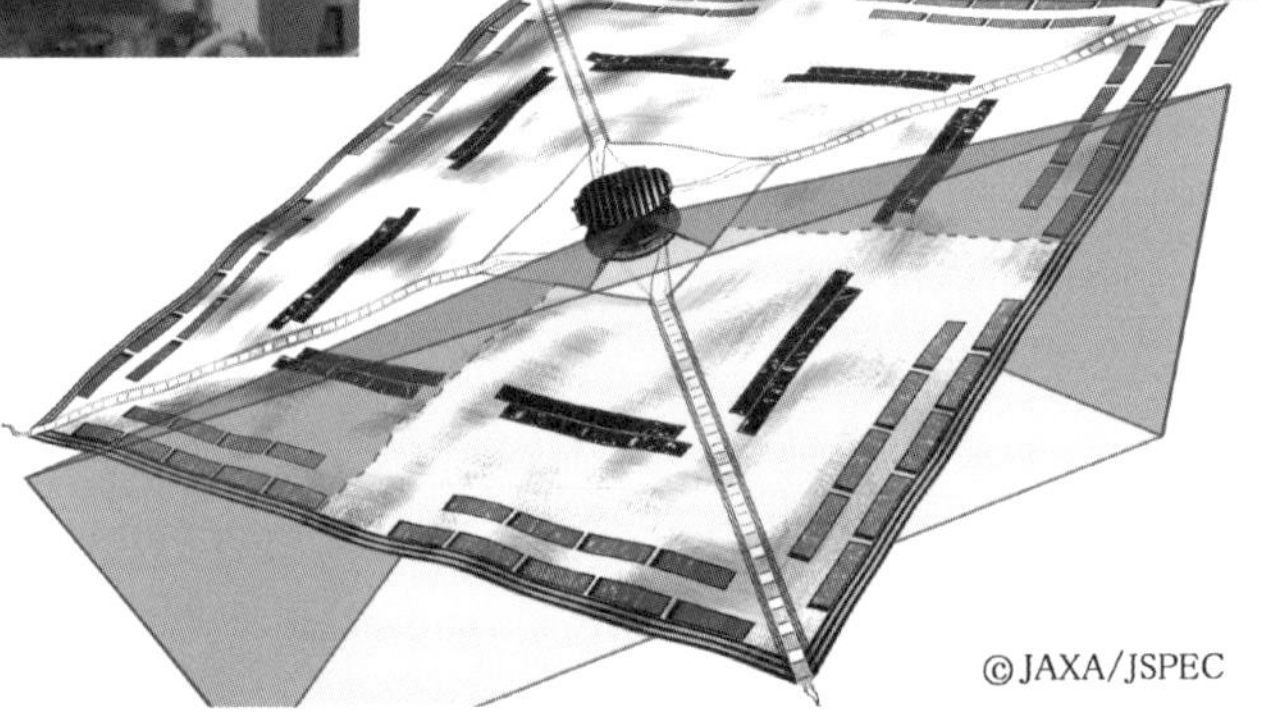

本体カメラと分離カメラ

（左）イカロスの体の横につけられた本体カメラ。4方向に1つずつ、つけられました。

（右）ＤＣＡＭ１とＤＣＡＭ２の２台の分離カメラ。イカロスの頭につけられました。

しまったのです。

これには、チームみんながとてもくやしい思いをしました。

そこで、イカロスでは絶対に成功させ、世界をあっといわせるような写真を撮るんだという思いから、イカロスには自分撮り用のカメラを二台のせることにしたのです。

せっかく二台あるので、飛びだす速さを変えました。DCAM2は一秒に六十センチメートルの速さで、DCAM1は半分の一秒に三十センチメートルの速さで、イカロスの頭から飛びだしました。結果はどちらも成功。イカロスの姿をそれぞれ八十枚撮影しました。

宇宙で全身の自分撮りに成功した宇宙機は、イカロスが世界初です。また、役目を終えたDCAM1、DCAM2は、世界最小の惑星間子衛星として、ミネルバに続き太陽のまわりを今も回りつづけています。

4 チャレンジ！ チャレンジ！ チャレンジ!!

世界初のソーラー電力セイルになって、自分撮りにも成功したけれど、ボクにはまだまだたくさんのミッションが待っている。

これからも、どんどん新しいことにチャレンジするよ！

次は、どんなことをやるのかな？ と思っていたら、六月二十一日に、地球から新しい指令がとどいた。

「イカロス、今日から実験用の装置が動くかどうか、チェックをしてもらうよ」

「りょうかい。どれからチェックする？」

「まず、『ＡＬＤＮ』と『ＧＡＰ』からだ」

「りょうかい！」

いよいよ、新しいミッションの準備運動だ！

ＡＬＤＮは、地球より太陽に近い宇宙に『チリ』がどのくらいあるかを調べる装置。ボクの帆にはチリを調べるセンサーが八枚はってあるんだ。

ＧＡＰは、『ガンマ線バースト』という、宇宙でおきる最大の爆発を調べる装置だ。

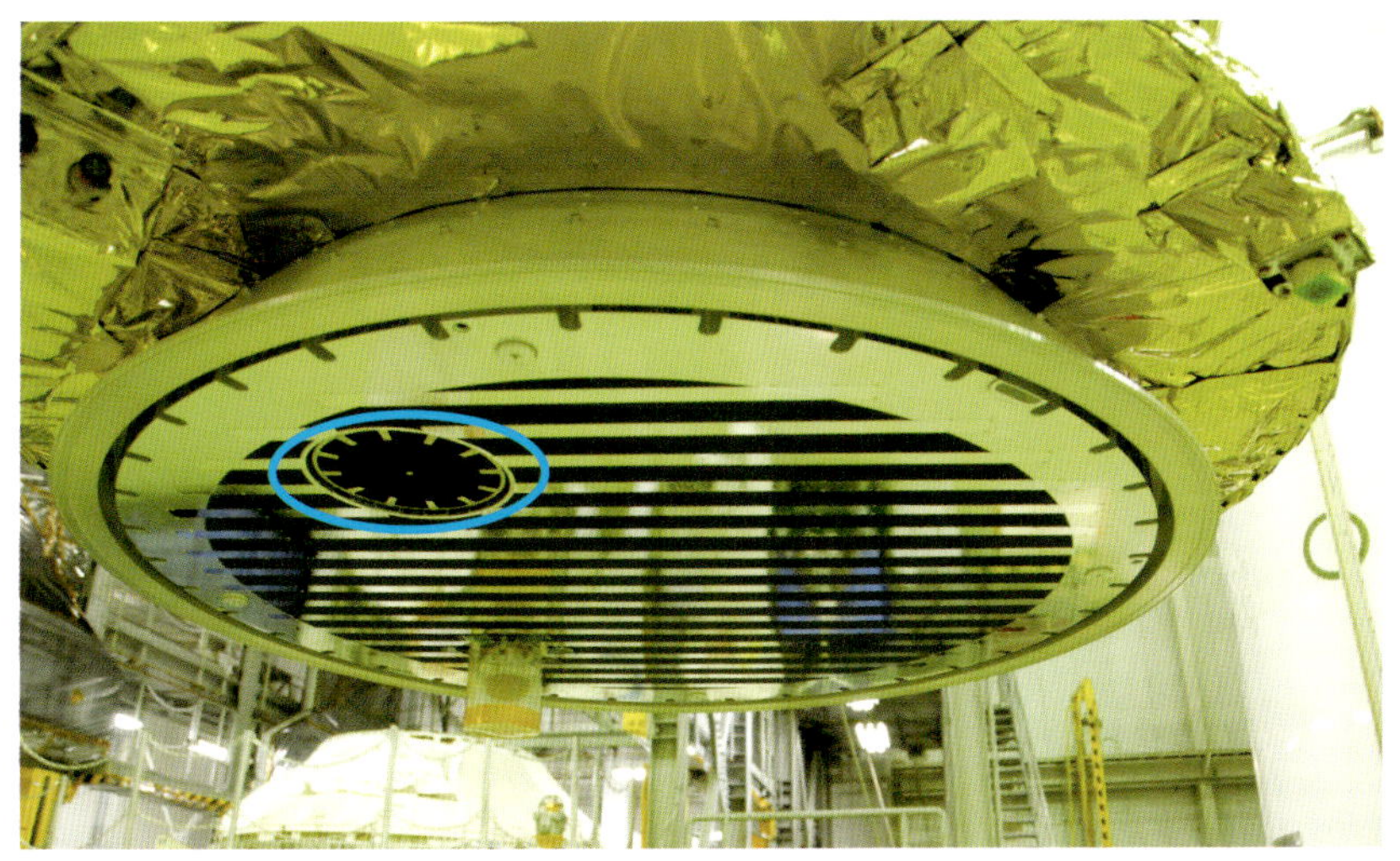

「ＧＡＰ」 青い丸でかこんだ部分がイカロス本体のおしり側にとりつけられたＧＡＰ。黒くうすい形に見えますが実際はつつ形で、イカロス本体にうめこまれています。ガンマ線バーストという宇宙最大の爆発を調べる装置です。

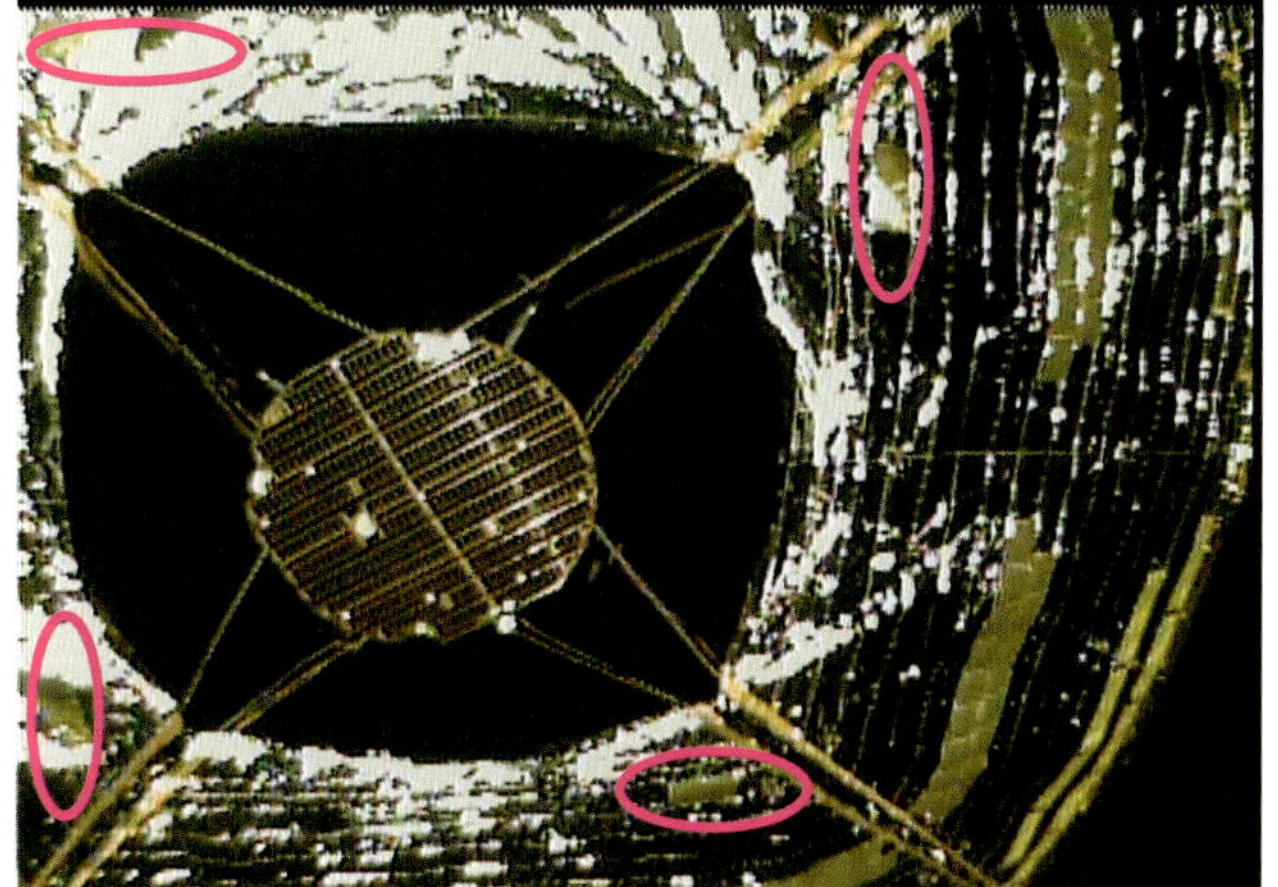

「ＡＬＤＮ」 ▲ 赤い丸でかこんだ部分が帆にはりつけてあるＡＬＤＮ（ＤＣＡＭ１撮影）。

◀ ＡＬＤＮの拡大写真。中央の銀色の部分が宇宙のチリを調べるセンサーです。

ガンマ線バーストの仕組みは、まだよくわかっていないんだって。でも、ブラックホールが生まれる時に爆発がおきるらしいんだ。

GAPで、遠い宇宙のなぞがわかったらうれしいな。

ボクは、チームのみんなからいわれた通りに、装置をチェックしていった。

六月二十二日には、ALDNとGAPのスイッチを入れて、使えるようにした。

ただ、大きなチリがボクの帆にあたって穴があかないか、少しだけ心配。でも、チームの人に聞いたら、

「キミの帆に、もし穴があいたとしても、そこから帆が二つに裂けてしまわないように、テープで補強してあるからだいじょうぶだよ」

だって。よかった。

二十三日には、また新しい指令がとどいた。

「イカロス、きのうの続きで、ALDNとGAPの調子をチェックするよ。あと、『液晶デバイス』のチェックもね」

「りょうかい、まかせて！」

液晶デバイスは、ボクの帆に七十二枚はってある、うすい装置。七十二枚のオンとオフをうまく切りわけて、太陽光だけでボクの姿勢を変えるためのものだ。

この研究は、日本オリジナルのアイディアだ。ソーラーセイルになったのは、ボ

クが世界で初めてだから、液晶デバイスでボクの姿勢が変えられたら、もちろん世界で初めて。

じつは、ＤＣＡＭ１ちゃんが旅立つ前、液晶デバイスをオンとオフに分けておいたんだ。ＤＣＡＭ１ちゃんが撮った写真にうまく写っているといいんだけど。まだ写真を送りおわってないから、もう少したったら地球のみんなから、結果を聞けると思う。

二十五日には、『ＶＬＢＩ』のチェックが始まった。

「ＶＬＢＩ」 丸でかこんだ所がＶＬＢＩアンテナです。イカロスが天球上のどこにいるのか、「はやぶさ」や「あかつき」の約20倍の正確さでわかります。

ＶＬＢＩは、地球にあるいくつものアンテナが同時にボクの声を聞いて、ボクの位置やコースを正確にはかるための装置。外国のアンテナも使う世界規模の実験だ。

今日で、ボクが持ってきたＡＬＤＮ、ＧＡＰ、ＶＬＢＩの準備が全部終わった。どの装置も、みんなバッチリ。

これで、宇宙のチリやガンマ線

＊「液晶デバイス」については、110・111ページにくわしい説明があります。

バーストが、いつ飛んできてもだいじょうぶだ！

六月二十六日。

「イカロス、今日は姿勢を変えてみよう」

地球から、新しい指令がとどいた。

「りょうかい！」

じつは、帆を広げてから姿勢を変えるのは、これが初めて！

大きな帆があるから、ぐらぐらしないか、ちょっと心配。

ボクほど大きな帆を持つ宇宙船はほかにないから、地球のみんなも緊張しているみたいだ。

ひさしぶりに、スラスタからガスをプシュプシュふいてみたけれど、帆があると、なかなか姿勢は変わらない。

緊張で少しつかれたけれど、問題はなくて、ひと安心。

今日から何日もかけてちょこちょこガスをふいて、姿勢を少しずつ変えてみるんだって。

六月二十八日には、地球からうれしいニュースがとどいた。

「イカロスが送ってくれたデータの中に、液晶デバイスがきれいに写った写真があったよ！　ちゃんと、オンとオフの切りかえがうまくいっているぞ！　よくやったね」

「ありがとう」
DCAM1ちゃんが聞いたら、喜んだだろうなぁ。
「それと、今日はVLBIの実験をするよ」
「りょうかい！　ええと、何語でしゃべればいいの？」
「いつも通りでだいじょうぶ。キミの声が聞こえればいいからね」

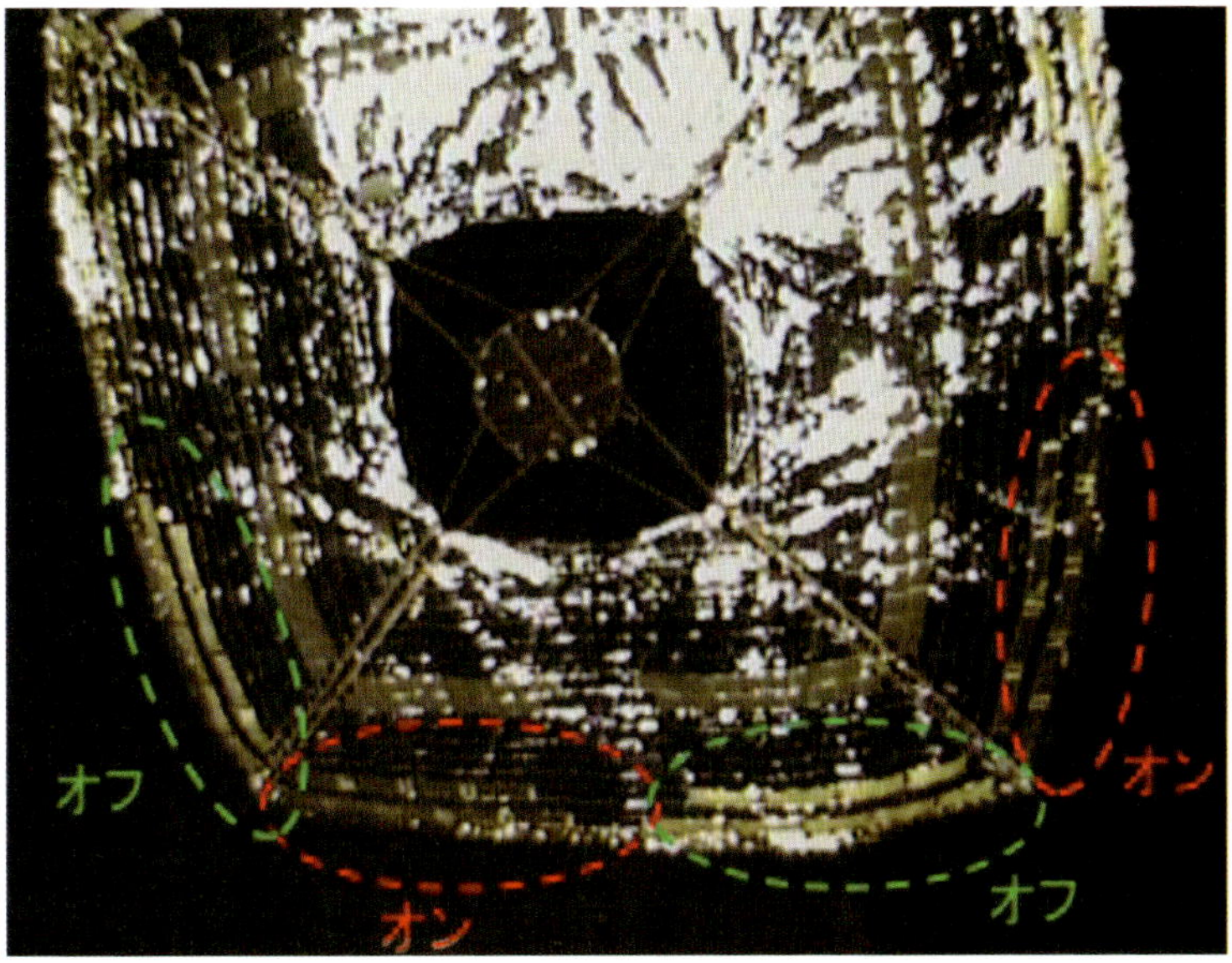

「液晶デバイス」の写真　液晶デバイスが「オン」の所と、「オフ」の所で、色がはっきりちがって見えます。切りかえが成功している証拠です。

ああ、よかった。

VLBIは、はやぶさ兄さんや、あかつき君も持っていった。だけど、一番正確に場所をはかってもらえるのは、ボクの装置らしい。はやぶさ兄さんは一度、迷子になってしまったけれど、ボクはたくさん場所をはかってもらって、迷子にならないようにしたい。

そのためにも、VLBIの実験もがんばろう。

それから毎日、ガスをふいて姿

勢を変えたり、液晶デバイスやＶＬＢＩの実験をしたりして、ボクはいそがしくすごした。

毎日、毎日、チャレンジの連続で大変だ。

気がつくと、もう七月になっていた。

七月三日には、今まで観測したＧＡＰのデータと、写真のデータをようやく全部送りおわった。ＧＡＰで、ガンマ線バーストの記録がとれていたらいいな。

七月四日からは、ボクが太陽の光でどのくらいスピードをあげているか、何日かかけて調べてもらうことになった。宇宙にきてから毎日ずっと距離をはかってもらっていたけれど、今度は新しい『再生測距』という方法も使うそうだ。

ボクの距離をはかるには、地球から送られた電波を、ブーメランみたいに返す必要がある。ただ、地球から長い距離飛んでくる電波には、ノイズってよばれる雑音がまざっている。再生測距では、ボクがそのノイズをとりのぞいて、きれいな信号にして地球に返す。

すると、ボクが遠くにいても、今までの方法より正確に距離を調べられるそうだ。

七月六日には、太陽から一番遠い場所にいるってことがわかった。最近ずいぶん寒いなと思っていたけれど、太陽から遠ざかっていたからだったのか。

でも、これからは太陽に近づいて暖かくなる。よかった。

七月九日。地球からうれしい知らせがとどいた。

「イカロス、六月九日にキミがいっていたことが確認できたよ！」

「あ、ボクが帆を広げた日だね！　ボク、なんていったっけ？」

「『スピードがあがった気がするんだけど、もしかして太陽の光の力かな？』っていっていただろう？」

「あ、そうだった」

「何日もかけてキミの場所を正確にはかったら、ちゃんと計算通りに太陽の光でスピードがあがっていたんだ！」

「わーい、やった！」

うれしい。本当にうれしい。

「あとは、液晶デバイスで向きを変えられたら、イカロス君は太陽の光だけで宇宙を旅できる『ソーラー電力セイル』ってことだよ！」

「そうだね！」

よーし、これからもがんばるぞ！

七月十四日。

「イカロス！　大ニュースだ！」

地球から興奮した声が聞こえて、ちょっとドキッとした。

「ど、どうしたの？」

「キミが七日にGAPのデータを送ってくれたね？　その中に、ガンマ線バーストを観測した記録が入っていたんだ。よくやった！」

「ほんと!?　こんなにすぐ観測できるなんて思ってなかった……」

本当に、自分でもびっくりの大成功だ。

じつは、かなり後になって聞いたことだけど、その後もガンマ線バーストを観測しつづけて、全部で三十回の記録がとれたんだ。

そのうちの数回はとても大きな爆発で、GAPだけができる結果が出せたみたい。ガンマ線バーストのなぞにせまる、とても大事な研究材料になったって喜ばれたよ。

同じ十四日には、新しい指令がとどいた。

「今日は、液晶デバイスを使って向きを変えるよ！」

「りょうかい」

「液晶デバイス」で向きを変える仕組み 「オン」の時は光をまっすぐはねかえし（鏡面反射）、強い力を受けます。「オフ」の時は光をあちこちにはねかえし（拡散反射）、受ける力が弱くなります。この図では、反時計回りに向きを変えます。

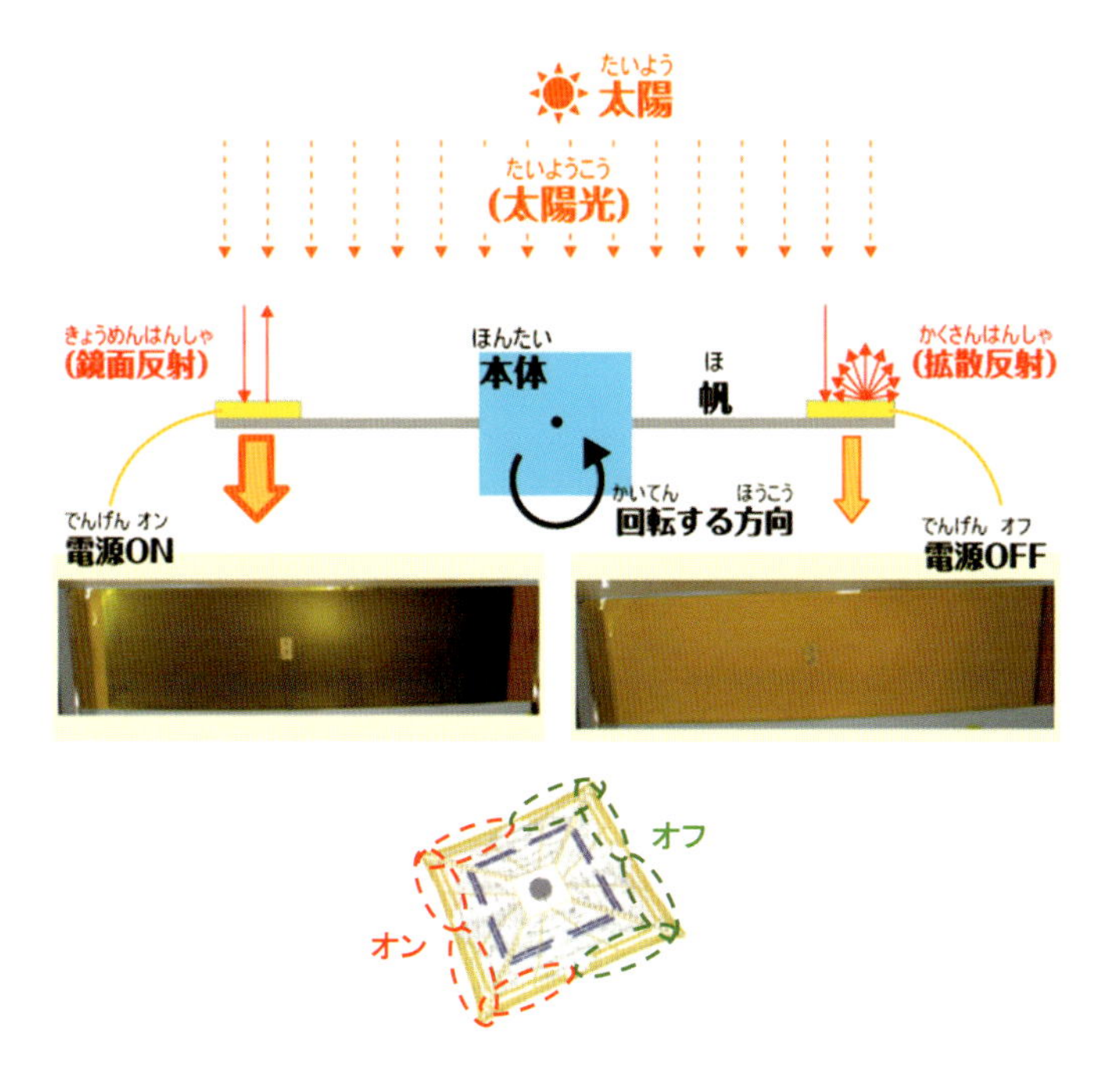

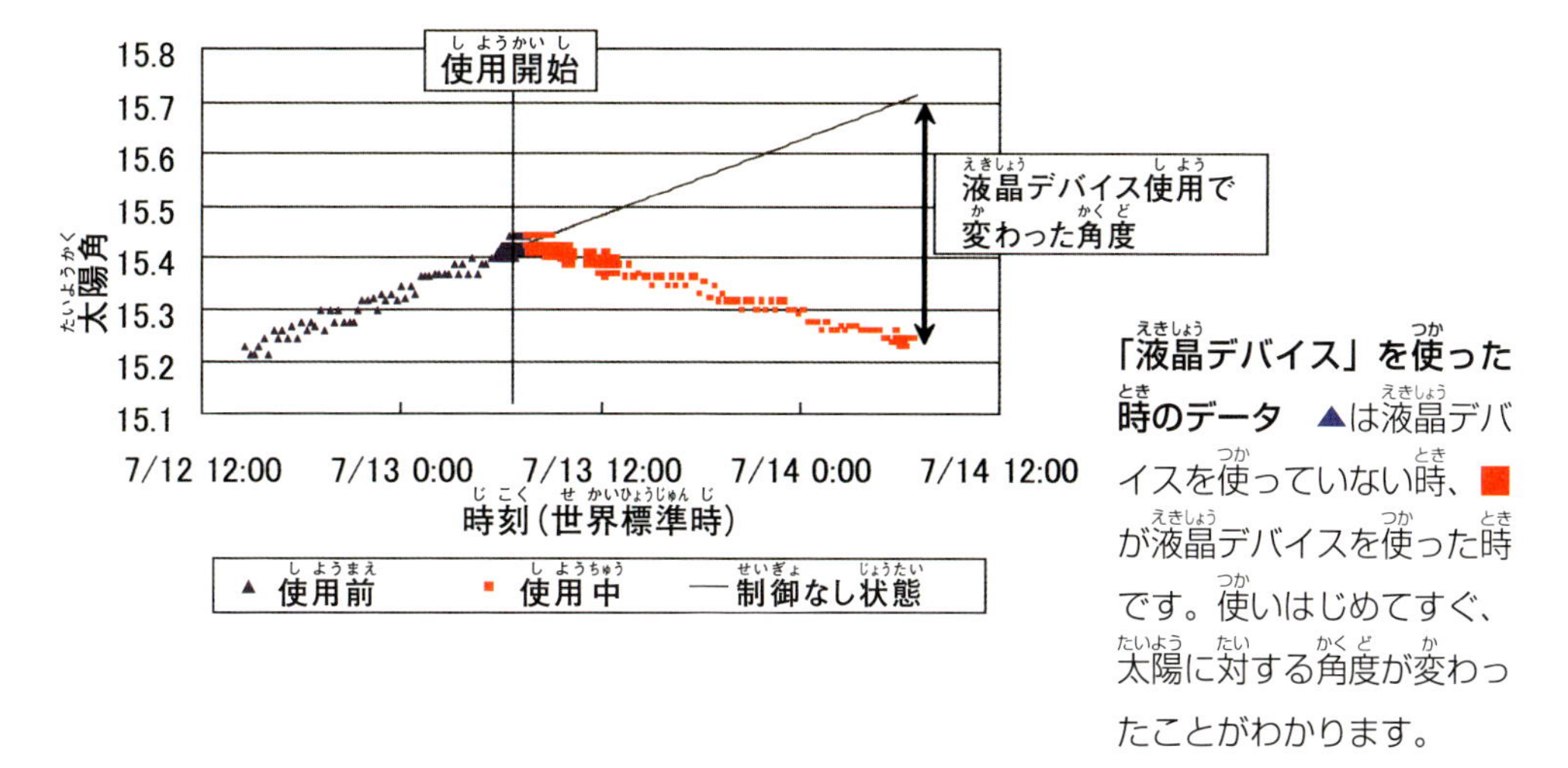

「液晶デバイス」を使った時のデータ ▲は液晶デバイスを使っていない時、■が液晶デバイスを使った時です。使いはじめてすぐ、太陽に対する角度が変わったことがわかります。

地球からの指令通りに、ボクは液晶デバイスのオンとオフをピコピコと切りかえていった。

すると、少しずつだけど向きが変わっていくのがわかった。

「あ、ちゃんと向きが変わっているよ！」

「そうか！　でも、明日も実験を続けて、その後にきちんと調べて確認するからね」

ボクは、じりじりしながら結果を待った。

七月二十三日になって、液晶デバイスでボクが向きを変えたことが、ようやく発表になったよ。

「イカロス、おめでとう！　そして、ありがとう！　よくやってくれたね！　これで、宇宙ヨットとしても、ソーラー電力セイルとしても一人前だ！」

「うん、ありがとう！」

地球のヨットが風だけで旅をするみたいに、太陽の光だけでスピードをあげたり、向きを変えられる宇宙ヨットかぁ。

今のボクがそうなんだ。とてもいい気分だ。

次の目標は、あかつき君といっしょに金星に向けて旅を続けることだよ。これからもがんばるぞーっ！

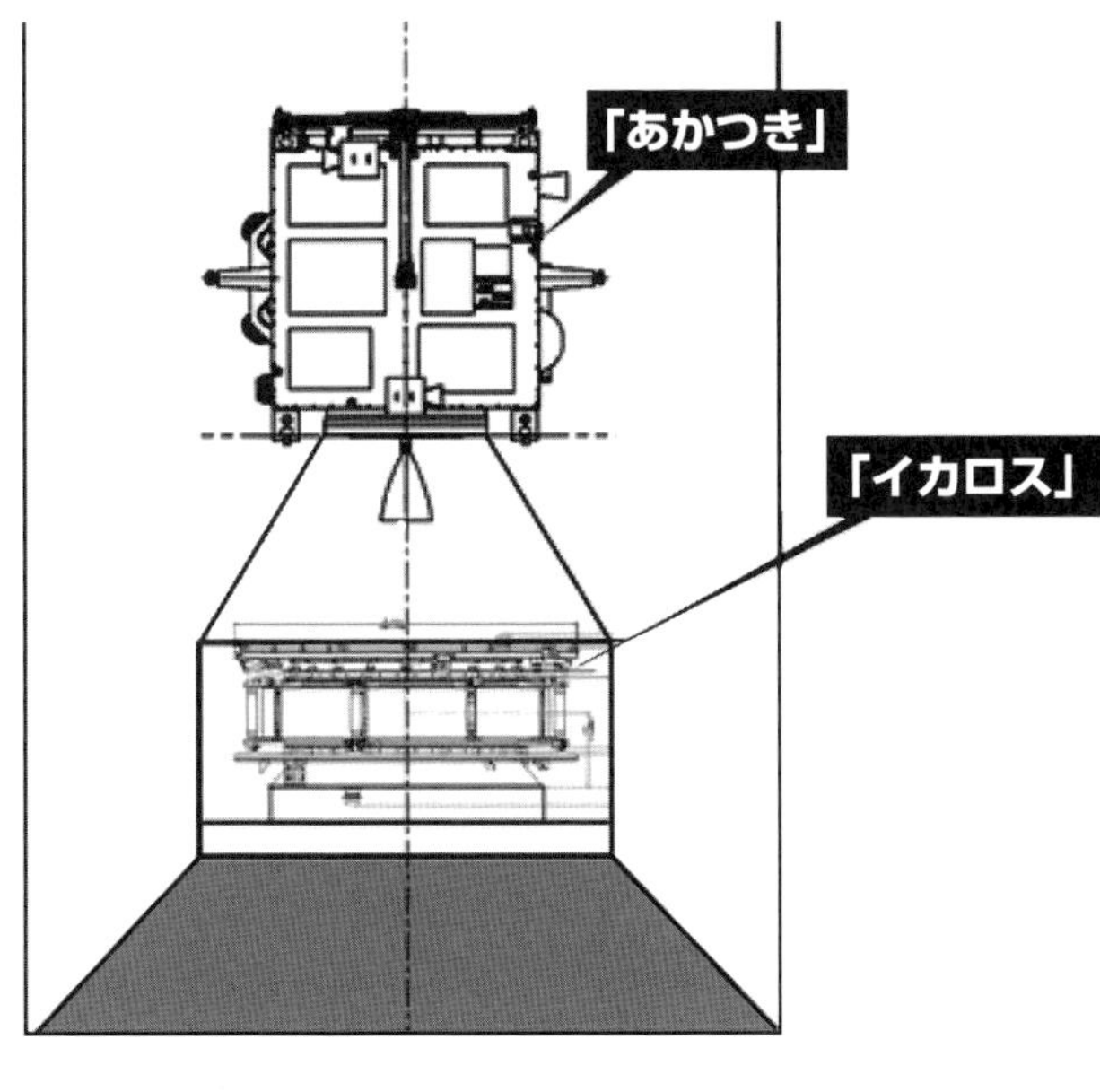

ロケットの中の「イカロス」と「あかつき」
イカロスは、あかつきのスラスタと同じ空間に入っています。あかつきのスラスタを絶対に傷つけないように、イカロスは何重にもロックをかけなくてはなりませんでした。

イカロス開発の苦労話

イカロスは、あかつきがロケットの中でゆれてこわれないよう、「おもり」として、同じロケットに乗ることになりました（→23ページ参照）。ロケットの内部では、あかつきの台座の中にイカロスが入るかっこうです。

そこで課題となったのが、イカロスがあかつきを絶対に傷つけないこと、という点です。ロケットの中で、あかつきのスラスタ部分は、イカロスと同じ空間の中におさめられていました。ですから、万が一にもイカロスがあかつきのスラスタを傷つけないように設計する必要があったのです。

とくに心配されたのが、イカロスが帆を広げる時に最初に宇宙へ送りだす四個の「おもり（正式には『先端マス』といいます）」がロケットのゆれではずれてしまうことでした。もし、おもりがあかつきのスラスタにぶつかったら、故障してしまうかもしれません。

そこで、ロケットの中でおもりが飛び

「イカロス」と「あかつき」の結合 「イカロス」（写真下部）と「あかつき」（写真上部）は二段がさねでロケットにとりつけられました。画面中央の金色の山型部分には、あかつきのスラスタが入っており、イカロスと同じ空間におさまりました。

ださないよう、三重にロックをかけることになりました。しかし、宇宙でロックがはずれなければ、イカロスは帆を広げられません。地上では簡単にはずせるロックですが、ロケットで打ちあげられた時にはげしくゆすられ、その後、宇宙で失敗なくはずすのはむずかしいのです。それを三重にするというのは、かなりきびしい条件でした。

しかも、このおもりは、ただのおもりではありません。イカロスを応援してくれる人の名前やメッセージがきざまれた、大切なプレートが入っているのです。ロケットの中では絶対にはずれず、宇宙ではかならずはずれるロックにしなければならない――この正反対の仕組みづくりには、とても苦労しました。

苦労のかいあって、ロケットの中であかつきを傷つけることなく、無事に宇宙で帆を広げることができました。苦労した分だけ、喜びも大きかったといえます。

5 金星に向かって進路をとれ！

七月中も、ボクの宇宙の冒険はとっても順調だった。

姿勢や回転スピードを変えたり、液晶デバイスやＶＬＢＩの実験も続けているし、二種類の方法で距離もはかっている。

八月に入ると、だんだんポカポカしてきた。ヒーターをほとんど使わなくてもだいじょうぶなくらい。

十七日に体温をはかったら、帆をまいていた体の横の部分が、ようやくプラスの温度になった。それでもまだ、冷蔵庫の中より冷たい温度だといわれておどろいた。

宇宙はやっぱり寒い。


八月二十六日には、ボクと太陽との距離が一天文単位になった。天文単位というのは、地球と太陽の距離のことだ。約一億五千万キロある。

ボクは、いっしょに旅に出たあかつき君を追いかけて、金星に近づいていく。金星は地球より太陽に近い所を回っているから、これから太陽にも近づいていくことになる。

でも、地球との距離は、まだまだはなれていく。今は、地球から指令がきて、ボクがすぐに返事を返しても、三分以上かかるんだ。

今、一番心配なのは、九月の中ごろになったら、地球と話ができなくなること。

ボクの声を地球にとどけるのは、アンテナの役目だ。大きな声で話せるアンテナは、声のとどく範囲がせまい。逆に、広い範囲に声をとどけられるアンテナは、出せる声が小さくなる。

ボクのアンテナは三つ。中くらいの声で会話するアンテナが一つと、小さい声で会話するアンテナが頭とおしりに一つずつ。

きのこみたいな形をしているから、きのこアンテナってあだ名でもよばれている。

地球を出発してから、ずっと頭側のきのこアンテナを使ってきた。

でも、地球がアンテナの真横にくると小さい声もとどかない。もともと真横方向には、ほとんど声が飛ばせないし、飛ばせたとしても声が帆にあたってはねかえってしまうからだ。

地球がアンテナの真横にくる時期は、もうすぐやってくる。

でも、声がとどかなくなるのは一週間くらいで、その後はまた地球と会話ができるはずだ。

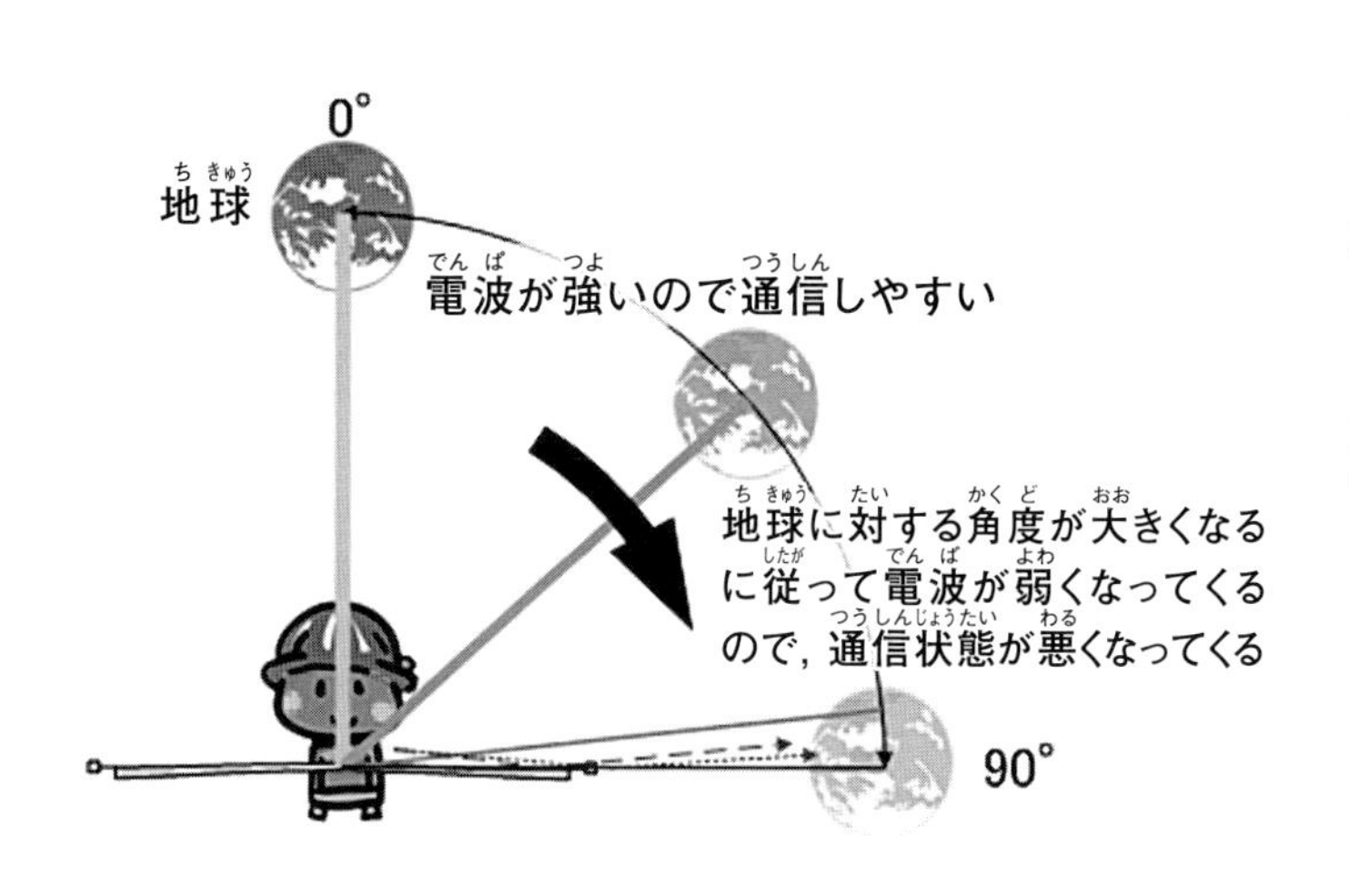

「イカロス」の通信アンテナ

イカロスの頭についている通信アンテナは、地球との角度によって電波の強さが変わります。また帆には金属のアルミがはりついているため、地球が真横近くにくると電波をはねかえしてしまいます。

ただ、また話をするには、地球のアンテナがボクの方を向いている必要がある。だから、ボクがどこをどう飛んでいくか、声がとどかなくなる前にきちんと計算してもらうんだ。

九月に入ると、距離をはかってもらう回数がますますふえた。

ボクの方も、声がとどかなくなる日までにやっておく宿題がたくさんある。

「イカロス、声がとどきにくい時に使う、特別な会話の練習をするよ。暗号みたいだけど、ちゃんと覚えておくんだぞ」

「りょうかい。1と0の組みあわせだけで会話をするんだよね」

「その通り。声がとどかなくなるぎりぎりまで、この方法で会話の練習をするからね。さあ、いくよ」

さっそく、指令がきた。ボクは、1と0をピコピコと組みあわせて、体温や体の向きを伝えられるように、くりかえし練習をした。

この1と0だけで会話をする方法は、迷子になったはやぶさ兄さんが見つかった時にも使われた。「0」が「うん」、「1」が「ちがう」っていう意味だったそうだ。

地球からの質問に全部「うん」か「ちがう」だけで答えるから、体温を伝えるだけでも、ものすごく時間がかかったらしい。

ボクは、八ケタの1と0を組みあわせた暗号を使って、もう少しうまく会話ができる。

たとえば、「今の体温は?」という質問に、「十五度です」という返事を、1と0の暗号だけで答えられる。はやぶさ兄さんの経験のおかげだ。

それでも、暗号での会話は、1と0の組みあわせ八ケタを送るだけで二分かかる。

しかも、地球でうまく受けとれない時のために、同じ答えを五回くりかえさないといけない。

だから、一つの質問に答えるのに十分もかかってしまう。

やっぱりふつうの会話の方が断然いい。

それに、声がとどかない間は宿題をやることになっている。毎日決まった時間に、決められたことを、指令なしでやるんだ。

ほかにも、「こういう時はこうしなさい」というような指令をたくさん覚えて、その通りに行動しないといけない。

宿題がたくさんあって覚えるのが大変。

チームのみんなも、ボクにちゃんと宿題を出したか、長い時間をかけてチェックしていたよ。

もう、いつ声がとどかなくなってもおかしくないみたい。

だから毎日、地球に最初に話しかける時はドキドキだ。

「こちら、イカロス。聞こえる?」

返事を待つ時間が、いつもよりずっと長く感じられる。

「イカロス、聞こえているよ」

地球から返事が返ってくると、本当にホッとする。

今は、まず暗号で会話ができるか確認して、それからふつうの会話をするようにしているんだ。


九月十四日。

「こちら、イカロス。聞こえる?」

返事がない。

「こちら、イカロス。こちらイカロス。聞こえますか？」

……やっぱり返事がない。

とうとうボクの声がとどかなくなった。

何日続くんだろう。

ボクはとても心細くなった。

その時、はやぶさ兄さんのことを思いだした。

はやぶさ兄さんは、いきなり迷子になったけれど、四十六日後にはちゃんと見つけてもらえた。それに、地球に帰ることもできた。

ボクは、最初から会話ができなくなるとわかっていて、そのために準備をしてきた。

ここで弱気になったら、流れ星になった、はやぶさ兄さんに笑われる。

ボクは、元気に宿題をやってすごすことにした。

でも、毎日わすれずに暗号で「イカロスだよ、ここにいるよ」と、地球によびかけつづけた。

九月十八日。

「イカロスだよ、ここにいるよ」

暗号を送りながら、今日も返事はないかなと思っていたら……。

「イカロス、聞こえるよ」

あ、おしりのきのこアンテナに返事がきた!!

たった四日で地球との会話が復活するなんて、びっくり。

これからしばらくの間、おしりのきのこアンテナで会話だ。

この間まで、頭から声を出していたのに、今はおしりからだなんて、なんだか変な感じ。

暗号の会話だけでなく、ふつうの会話も少しだけできた。チームのみんなもほっとしたみたい。

「イカロス、これからも宇宙ヨットの旅を楽しもうね」

といわれて、とってもうれしかった。

それから、少しずつふつうの会話の時間がふえて、会話ができなかった間の健康状態のデータをすべてとどけることができた。

ボクの調子はバッチリ。安心して金星に行けるみたい。

よかった!

十月、十一月も、ボクは順調に金星へ向かう旅を続けた。

最初は点だった金星も、少しずつ大きく見えるようになってきた。

いっしょに旅に出たあかつき君は、十二月七日に金星に着いたら、そのまま金星を回るコースに入る予定になっている。

ボクは、一日おくれの十二月八日に金星へ一番近づくけれど、金星を通りすぎて太陽を回る旅を続ける。

あと少しで、あかつき君ともお別れだ。

それに、ボクは金星を通りすぎた後、またきのこアンテナが地球と会話ができなくなる向きになってしまう。

しかも、もともとボクのミッションは、金星を通りすぎる所までしか決まっていない。

来年、アンテナの向きが地球と会話ができるようになっても、チームのみんなにお別れをいうだけかもしれない。

あかつき君とコースが別れてしまうのもさみしいし、その後にチームとの別れが待っていると思うと、とてもさみしい。

それでも、十二月八日に金星を通りすぎて、その報告をチームのみんなにするまでは、絶対にがんばってみせるぞ。

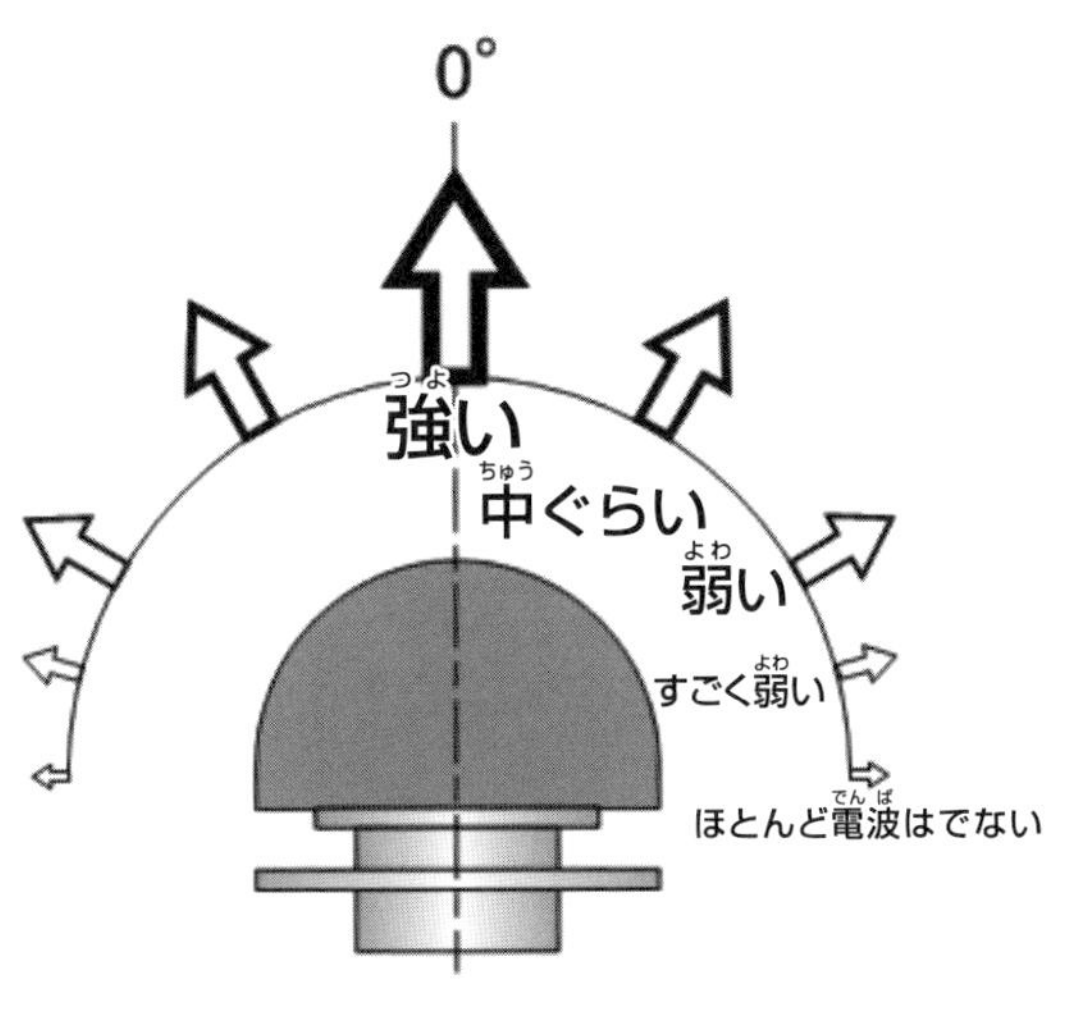

「イカロス」のＬＧＡ　イカロスのＬＧＡ（低利得アンテナ）は新設計のきのこ型です。この形状が通常のアンテナでは電波を出しにくい横方向にも電波を飛ばしやすくしています。

イカロスの会話方法

宇宙機は、電波を『声』として、地上とやりとりを行います。

イカロスでは、電波をやりとりするためのアンテナを二種類持っています。ＬＧＡ（低利得アンテナ：通信速度はおそいが通信可能角度が広い）と、ＭＧＡ（中利得アンテナ：通信速度も通信可能角度も中程度）の二種類です。ＬＧＡは体の頭とおしりに一つずつ、ＭＧＡは頭に一つで合計三つです。

イカロスのＬＧＡは、小さくてきのこ型をしています。電波を出しにくい横方面にも電波を出しやすい新設計です。イカロスは、宇宙に出発してから、二つのＬＧＡを切りかえて会話をしていました。

このアンテナの切りかえの際におとずれるのが『通信不可帯』という会話ができない期間です。イカロスから見て地球が真横を向く時は、もともと電波があまり出ません。そのうえ、帆にぴったりかさねた金属のアルミが電波をはねかえしてしまい、声がとどかなくなるのです。

この通信不可帯をなるべく短くのりきるために、イカロスはふつうの会話方法のほかに、『ビーコン通信』とよばれる会話（イカロスが「暗号の会話」といっている方法）ができます。これは、はやぶさが迷子になった時にも使われた会話方法です。はやぶさは、1ビットで「はい」か「いいえ」を伝える方法でしたが、イカロスでは1バイト（8ビット）のオンとオフの組みあわせで、もっと効率よく会話することができます。

ビーコン通信がうまくいき、イカロスと会話ができない日数は、予定よりも短くてすみました。

6　バイバイ金星！　バイバイみんな！

宇宙の旅は、十二月に入ってもとても順調だ。

けれど、ボクのミッションも、そろそろ終わりに近づいてきた。

ボクのミッションは金星を通りすぎる所まで。

一日早く金星に着いて、金星のまわりを回るコースに入るあかつき君とも、地球にいるチームのみんなとも、もうじきお別れだ。

九月から使ってきたおしり側のきのこアンテナは、十二月末ぐらいから一月にかけて、地球と会話ができなくなる。

チームのみんなは、ボクの距離をたくさんはかってくれて、また会話ができるように準備をしてくれているけれど……。

すべてのデータを送りおわったら、みんなとお別れなんだろうな。

でも、ボクはミッションを全部成功させたら、最後に元気よくチームのみんなと別れるつもりだ。

十二月七日。

いよいよ、あかつき君が金星を回るコースに入る日がやってきた。これまで、ボクは一日おくれで、あかつき君の後ろを飛んでいた。

けれど、これからのボクたちは、おたがいに別べつに飛んでいく。

さみしいけれど、金星の天気を調べる、あかつき君のミッションの本番はこれから！

（バイバイあかつき君、金星のそばでがんばれ！）

ボクは、後ろからせいいっぱい応援した。

ところが……。

あかつき君は、金星のまわりを回るコースに入るチャレンジをしたまま、連絡がとれなくなってしまった。

（どうしたんだろう。だいじょうぶかな？）

同じロケットで宇宙に飛びだして、ずっと同じコースを飛んできた仲間だ。とても、とても心配だ。

あかつき君は、金星に着いたら三百キロ～八万キロと、高さを変えながら金星を調べることになっていた。

ボクが金星に一番近づく時は、八万キロの所を通りすぎる。

（ひょっとしたら、あかつき君のことがわかるかな⁉）

ボクも早く金星に近づいて、あかつき君のことが知りたい。


ついに十二月八日がやってきた。

いよいよ、ボクが金星に一番近づく日だ。

ボクが金星に最接近する前に、あかつき君は金星を回るコースに入れなかったことがわかった。

でも、あかつき君は無事だったみたい。よかった！

これからもあかつき君は、太陽のまわりを何年か、飛ぶことになる。

そして、もう一度、金星を回るコースに入るチャレンジをするって。

ボクのミッションはもうすぐ終わりだけど、ボクはまだまだ元気。

そうだ。ミッションが終わっても、あかつき君が無事に金星を回るコースに入れるまで、ボクも宇宙を飛びつづけて応援しよう！

はやぶさ兄さんも、いろいろ大変なことがあったけれど、ちゃんとミッションを成功させた。

きっと、あかつき君もだいじょうぶだ。

その前に、ボクも無事に金星のそばを通りすぎなくちゃ！

予定通りのコースを飛ぶと、金星に引っぱられる力で、ボクのコースとスピードが少し変わる。

「イカロス、金星を通りすぎる時に、キミの体についたカメラで金星の写真を撮ってほしい」

とつぜん地球から指令がきて、おどろいた。

なぜって、そのミッションは予定に入ってなかったんだから。

「え、ボクの体のカメラで金星の写真って撮れるの？」

「うん、キミと金星が写りそうなタイミングを計算してみたから撮れると思うよ」

「りょうかい！　やってみる」

金星はぐんぐん近づいてきた。ここからだと、大きく見えるなぁ。


十六時三十九分。

ボクは、金星に最接近するタイミングでパシャッと写真を撮った。

うまく撮れているかどうかは、地球にデータを送ってからでないとわからない。

そこで、まず小さい画像を四枚送って、地球のみんなに選んでもらった一枚を送ることにした。

早く結果を知りたい。

金星はどんどん遠ざかっていく。金星を通りすぎるのって、あっという間だったなぁ。

なにしろボクは、光がおす力だけで一秒で百メートル以上、時速にすると三百六十キロメートル以上もスピードをあげていたんだ。

もちろん、チームのみんなが計算した通りのスピードだよ。

金星を通りすぎたあと、ボクは毎日データを送りつづけた。

地球からはまだまだはなれていくから、少しずつしか送れないのがじれったい。

それに、ずっとデータを送っているわけにもいかない。

もう少しで、また地球と会話ができなくなるからだ。

年明けにまた会話ができるよう、宿題をもらって覚えなきゃ。

ほかにも、スラスタからガスをふいて回転スピードを変えたり、距離をたくさんはかってもらったりもしている。

すべてのデータを送りおえたら、地球にいるチームのみんなとはお別れだけれど、ミッションはきちんとやりとげたい。

十二月二十六日。

ボクに一日おくれのクリスマスプレゼントがあった。

今年のミッションをがんばって全部やりとげたから、再来年の二〇一二年の三月まで、ミッションを続けていいことになったって！

それに、その後もボクの健康状態を見て、もっと長くミッションが続くかもしれないんだって。

やった、やったぞ！

よーし、あかつき君がもう一度金星にたどりつくまで、ボクもミッションをもらえるようにがんばるぞー！

ボクは、まだまだみんなにお別れしなくてよかったんだ。

バイバイみんな！　っていうのは、とりけさなくちゃ。


二〇一一年がやってきた。

ボクは変わらず元気いっぱい。

けれど、去年の十二月二十六日の後は、きのこアンテナの向きが悪いせいで、まだチームのみんなと会話ができていない。

早くチームのみんなに、データをとどけたいなぁ。

ボクは、毎日宿題をやりながら、暗号を使って「イカロスだよ、ここにいるよ」

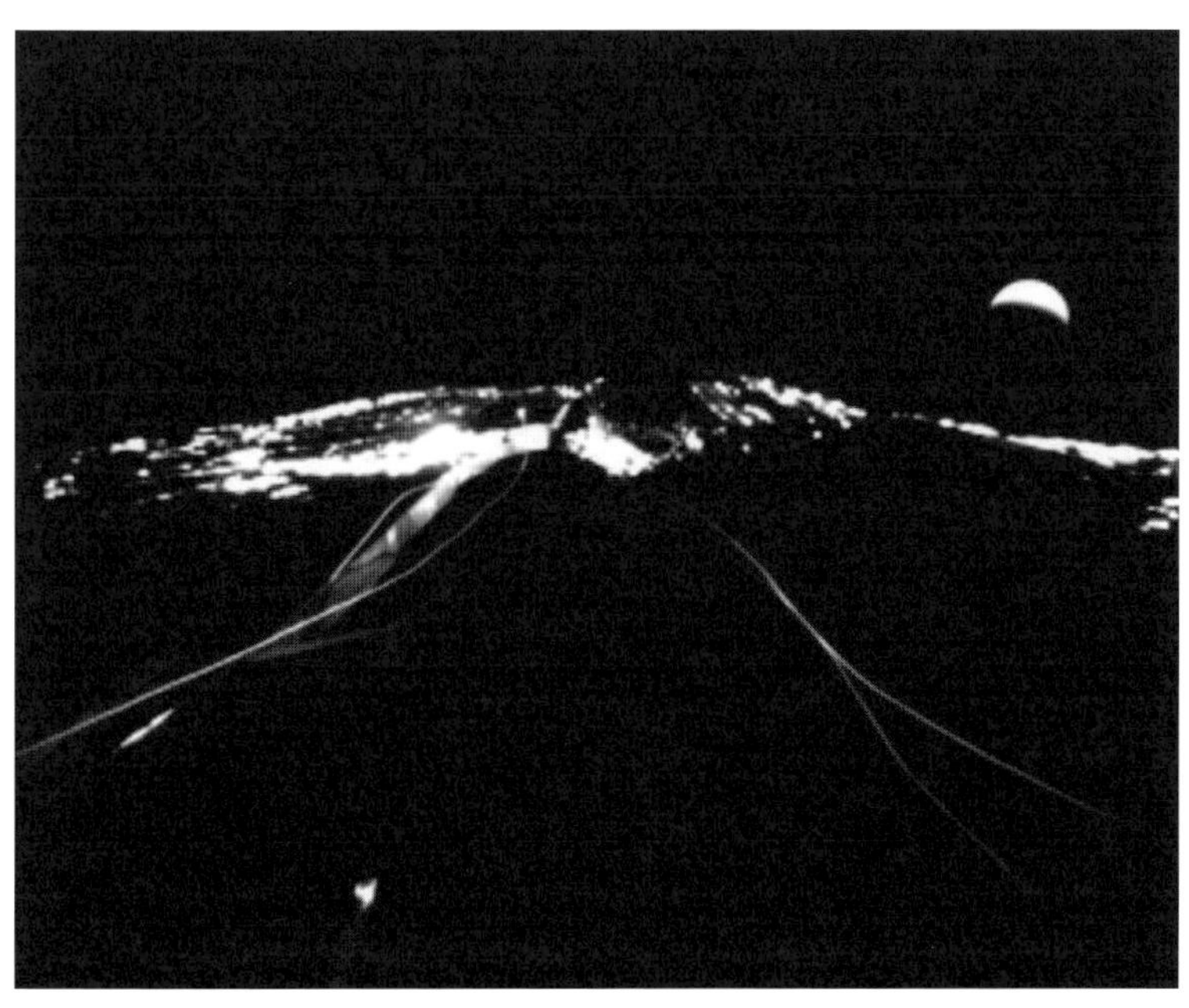

「イカロス」が撮った金星　二〇一〇年十二月八日、金星に最接近した時に、体についているカメラで撮影した金星の写真です。銀色に光る帆の右上に、欠けた金星がはっきり写っています。なお、太陽とイカロスの位置によって、金星も月のように満ち欠けして見えます。

って、地球によびかけつづけた。

そして、一月十四日。

「イカロス、今年もよろしく」

地球からの返事が、頭側のきのこアンテナにとどいた。

「ボク、元気にしていたよ。データを送る？」

はりきって聞いたけれど、データはまだ送れないらしい。

ボクと地球の距離は一億キロもあるから、地球でボクの暗号の声を聞きとるのがやっとなんだそうだ。

一月二十六日。

「イカロス、キミが金星を通過する時に撮ってくれた写真ね、金星とキミのツーショットがバッチリ撮れていたよ！」

地球からうれしい連絡がきた！

「本当？　うまく撮れたか心配だったけれど、よかった！」

ボクのミッションがまだ続くことも、あわせて発表されたって！

これから、どんなミッションが待っているのかな？

ＡＬＤＮ、ＧＡＰ、ＶＬＢＩの実験はこれからも続くだろうけど、きっと新しいこともやるんだろうな。今から楽しみ！

チームのみんな、ボクを応援してくれているみんな、これからもよろしくね！

★もっと教えて森先生！★

イカロスの操縦方法

宇宙でイカロスを操縦するには、スラスタからガスをふく方法、液晶デバイスを使う方法、『太陽光圧（太陽の光が帆をおす力）』の差を利用する方法があります。

スラスタを使う操縦では、スプレーのようにガスをふくことで、体の向きや回転速度を調整します。イカロスは、ガスのもとになる推進剤を二十キロ積んでいました。しかし、ガスがなくなってしまうと、スラスタではコントロールができなくなってしまいます。

液晶デバイスを使う操縦では、太陽光のはねかえし方を変えることで姿勢を調整します。液晶デバイスは、オンにすると光をまっすぐはねかえして鏡のようになります。

オフの時は、光をあちこちにはねかえして、くもりガラスのようになります。太陽の光は、まっすぐはねかえす方が強くおされます。この力の差を利用して姿勢をコントロールするのです。ガスを使わずにすみ、とてもエコです。

またイカロスは、太陽光圧を左右でかたよらせて、体の向きやコースを変えることができます。帆が太陽の真正面を向いていない時は、左右で光がおす力に差が出ます。この差を利用するのです。これは、はやぶさでも使った操縦方法です。

ただ、イカロスの帆は、折りたたんだ時のシワなどで平らではないため、帆の動きはとても複雑で予想はむずかしくなります。

それでも、二〇一〇年の七月から、三つの操縦方法（スラスタ、液晶デバイス、太陽光圧の差）の練習をつみかさね、イカロスをうまく操縦できるようになりました。

そして十二月八日、イカロスを予定通りのコースで金星を通過させることに成功したのです。

7　命がけのチャレンジ！

ボクのミッションは続くことになったけれど、まだふつうの会話はできていない。ふつうの会話ができるようになるまでは、暗号を使って健康のチェックや距離をはかってもらう日が続く。

そして、二〇一一年二月十日。

ようやく、ふつうの会話ができるようになった！

よーし、これからどんどん、ためていたデータを送るぞ。

時どき、ガスをプシュッとふいて回転速度を変えたりしながら、ボクはできるだけたくさんのデータを送りつづけた。

ちょっぴりさみしいのは、今までのようにしょっちゅう地球と会話ができなくなったこと。

まだまだ地球とはなれていくし、ボクは大声で話せるアンテナを持っていない。

ボクは、打ちあげから半年間ですべてのミッションを終わらせる予定だったし、計画通りにミッションを達成できたからね。

だから、地球と一度会話をすると、しばらく休みが入ってしまう。

でも、ただ宇宙をのんびり旅しているだけじゃないよ。

ＧＡＰ、ＡＬＤＮ、ＶＬＢＩの実験は、ずっと続けるし、帆や太陽電池のいたみ具合も調べる予定なんだ。

木星の向こうに行くボクの弟ができた時、とても役立つデータになるからだって。

それなら、実験のデータも健康状態もきちんと記録して、弟のために役立ててもらわなくちゃ。

ボクは、それからも何日かおきに、地球と会話をして距離をはかってもらったり、少しずつデータを送ったりしてすごした。


三月十二日。

地球と会話する約束をしていたのに、みんなのようすが変だ。

きのうの朝に話をした時は、ふつうだったのに……。

「ねえ、どうしたの？　今日は会話をする日だよね？」

「イカロス、じつはきのう日本で大地震があったんだ……。まだ、地震が続いているし、大勢の人が亡くなったんだよ。だから、今日の会話は中止だ、いいね？」

とても、緊張した声だ。

「りょうかい」

ボクは、急いで返事をした。

きのうの会話の後、大地震がおきていたなんて……。

日本のみんなが大変なのに、地球から一・四億キロもはなれた所を飛んでいるボクは、いったい何ができるだろう。

遠くから、ボクはせいいっぱい、いのった。

（地震が早くおさまりますように。みんなが早く落ちついてくらせますように）

ボクにも何かできることがあればいいのに。

よく考えて、結局ボクにできることは、ミッションを全部成功させることだと思った。

はやぶさ兄さんのがんばりが日本のみんなを感動させたように、ボクががんばることで、だれかを元気づけられたらうれしい。


次にボクがチームと会話できたのは一週間後だったけれど、それからはまた、ふだんどおりに会話ができるようになった。

ボクは、地球からの指令通り、データを送りつづけた。

そうして、あっという間に数か月がすぎた。

六月に入ってからは、ボクの姿勢を変えたり、回転数をおそくするという指令がふえてきた。

ボクは体をくるくる回して、遠心力を大きくして帆を広げているって話したのを覚えている？

じつは、折りたたんでいた時のしわのせいで、ボクが何もしないでいると、帆の回転がだんだんおそくなってしまう。

これを、『風車効果』というそうだ。

今まで、風車効果で回転がおそくなってくると、時どきガスをぷしゅっとふいて、スピードをあげていた。

それなのに、回転数をへらしていくなんて……。

「ボク、こんなにゆっくり回ってだいじょうぶかな？」

「うーん、じつはだいじょうぶかどうか、まだよくわからないんだ」

「えっ、わからないの？」

ボクは、びっくりした。

「地球上だったら、帆が、くしゃっとなってキミの体にからまってしまう。でも、宇宙ではどうやらちがうようなんだ。実際に、回転をおそくしても、帆は広がったままだよね？」

「そういえば、そうだね！」

前は一分間に一回転はしていたのに、今は五分で一回転がふつう。

二十分で一回転にスピードを落とした時も平気だった。

ボクの体はその後もいい調子だし、帆の写真も見てもらったけれど、やっぱりどこもおかしくないらしい。

けっこうボクってスゴイかも⁉

「そこで、イカロスにやってもらいたいミッションがある。逆回転にチャレンジしてもらいたいんだ」

「逆回転⁉」

「逆回転をするには、今の回転をおそくしていって、０回転になってから逆方向に回るってことだよ。その時に帆がどうなるか、キミの弟のためにデータがほしいんだ。ただ、成功するかどうかは、やってみないとわからない」

それって、失敗したら死んでしまうかもしれない、命がけのチャレンジだ……。

「りょうかい！」

ちょっぴり不安だったけれど、ボクは元気に返事をした。

「よし。イカロス、たのんだよ」

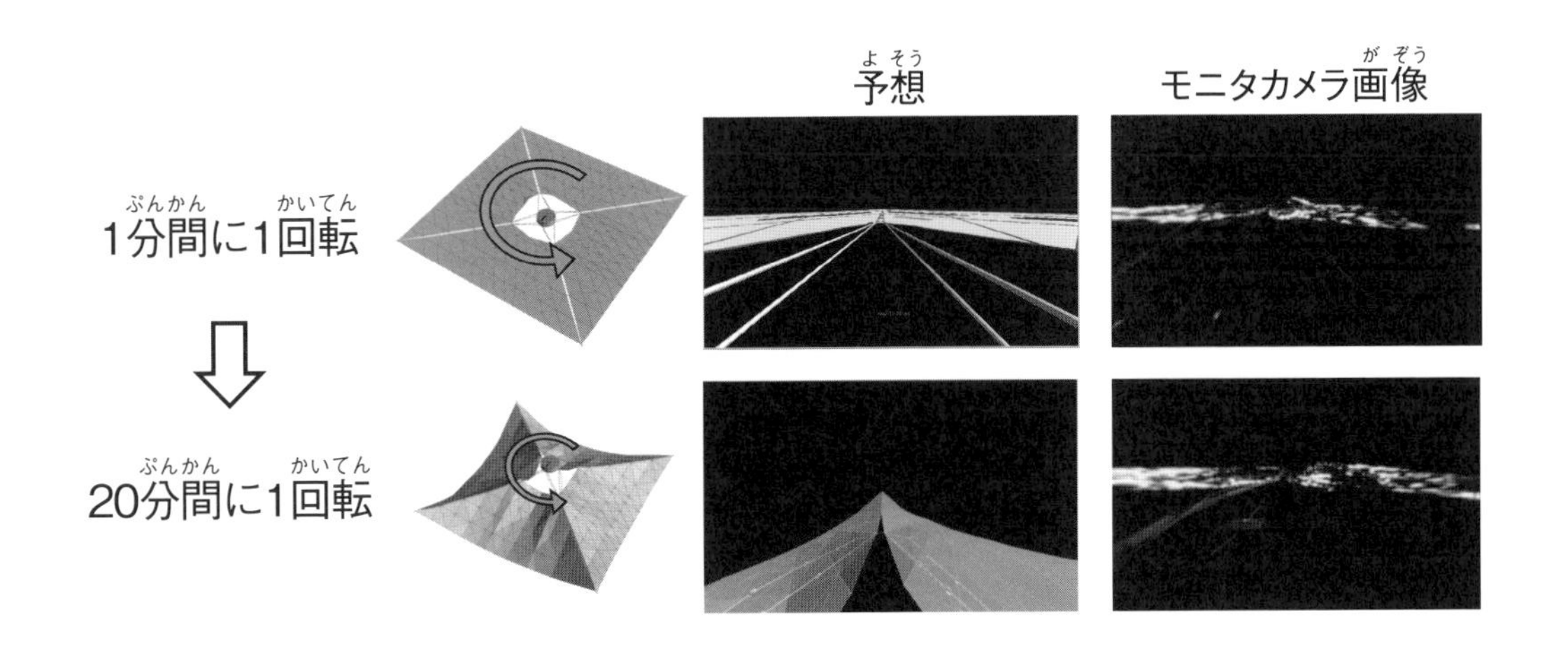

回転速度を落とした時の「イカロス」 イカロスは、遠心力で帆をピンとはっています。そのため、予想では回転をおそくしていくと帆はたわむと考えられていました。しかし、実際の写真を見ると、20分間で1回転の時も帆はたわんでいません。

「弟のためだもん、まかせて！」

ボクのミッションは半年間で終わるはずだったのに、よくがんばったからミッションをふやしてもらえた。

だから、チャレンジしてみたいという気持ちが強いし、やるからには成功させたい。

ボクが大好きな、はやぶさ兄さんは、自分が流れ星になってもミッションを成功させたんだから、ボクだって！

よーし、がんばるぞ!!

ボクの逆回転チャレンジは、十月十八日に決まった。

それからは、回転速度をおそくしたり、早くしたり、姿勢を大きく変えたり、とってもいそがしくなった。

今までは回転速度を変えるのも、姿勢を変えるのも、ゆっくり慎重にやってきた。

けれど、今は本当にきびしい指令もくる。

ボクの能力ギリギリまで実験をするのだそうだ。

実験が終わると、たくさんのデータを送らなくてはいけない。

やることも覚えることもたくさんあって大変だけど、ボクは元気。

ボクの弟ができた時に役立つデータになるんだって思うと、自然と勇気がわいてくるから不思議だ。


もちろん、チームのみんなもがんばっていたよ。

昨年末からチームの人たちは、帆にあたる太陽の光のちょっとした差や、風車効果を使って、ボクを操縦する練習をしていた。

おかげで、今ではスラスタや液晶デバイスを使わなくても、ボクの姿勢をコントロールすることができるんだ。

それに、ボクは太陽の方を向きたくなるクセ（『うずまき運動』ってよばれているよ）がある。けれど、そのクセを利用して、さらに省エネで姿勢をコントロールしてもらっているんだ。

こんなことができるのは、世界でボクのチームの人たちだけ！

ボクのチームのみんなは、本当にすごいなぁ。

そして、いよいよ運命の十月十八日がやってきた。

「イカロス、少しの噴射で逆回転にもっていけるように、回転速度をぎりぎりまで落とすよ」

「りょうかい！」

ボクはいわれた通りに、回転速度を落としていった。

うん、だいじょうぶ。なんともない。

「よし、イカロス。逆回転いくよ！」

地球からの声が、ものすごく緊張している。

ボクもちょっと前までは、緊張していたけれど、もうとっくに覚悟はできていた。

「りょうかい！　逆回転開始。えいっ!!」

ボクは、ウウウンと帆の回転を止めてから、すぐに逆向きに帆を回しはじめた。

帆は、すーっと逆向きに動きだした。

あれっ、思ったより簡単にできた……。

「ハイ、できたよ！」

「………」

「うまくいったよ！　次はどうするの？」

「イカロス、すごいじゃないか……」

あれ、みんなの反応がうすいぞ。

命がけのすごいチャレンジだったはずなのに……と思っていたら、後で理由を聞いてなっとくした。

地球のみんなは、もっとボクが大変な目にあうかもしれないって、息をするのもわすれるほど、緊張していたそうだ。

それなのに、ボクがあんまり簡単に逆回転を成功させたから、ホッとして力がどっとぬけてしまったんだって！

チームのみんな、すごく心配してくれたんだね、ありがとう。

これから、データをたくさん送るから、よろしくね！

イカロスの逆回転ミッション

イカロスは、二〇一〇年五月二十一日の打ちあげから十二月八日の金星通過までの約半年間で、予定していたミッションをすべて完了、達成しました。しかし、今後もイカロスが送ってくるデータを調べることで、さらに成果が期待できることから、二〇一一年以降もミッションを続けることになりました。

中でも大きなチャレンジとなったのが、逆回転ミッションです。逆回転になる前、少しの時間ですが0回転になり、帆をはるための遠心力がなくなります。イカロスの操縦ができなくなることも考えられるチャレンジでした。

もちろん、成功する自信がなかったわけではありません。逆回転にチャレンジする前に、回転速度をぎりぎりまで落とす実験をしましたが、イカロスの帆が大きくたわむことがなかったからです。

大きな覚悟の上で行った逆回転ミッションでしたが、あっさりと成功しました。ただ、回転を0にしても帆がたわまなかった理由を調べるのに一年かかりました。そして、その理由は、補強テープや太陽電池のソリ返りが、まるで骨組みのようにかたくなっていたからだとわかったのです。

逆回転ミッションのおかげで、ソーラーセイルの回転速度は、かなりおそくてもだいじょうぶだということがわかりました。次世代のソーラーセイルでは、十分に一回転を目標にすることになるでしょう。

後期運用でも次つぎと新しい発見につながるデータを送りつづけてくれるイカロス。何がおこるかわからない宇宙の中で冒険を続けているイカロスは、がんばり屋で運のいい宇宙船といえるかもしれません。

8 「おやすみ」と「おはよう」をくりかえして

逆回転ミッションが成功した後、ボクはためたデータを、毎日送りつづけた。

チームのみんなは、ボクが0回転になった時や、その後に帆がどうなったのか、いっしょうけんめいデータを見てくれている。

そうしたら、おもしろいことがわかったそうだ。

逆回転をするまでは、風車効果で回転速度がおそくなっていたのに、今は逆に速くなっているんだって。

だんだんおそくなっていた今までと逆になるなんて、びっくり。

それに、ボクは太陽の方を向くのがクセだったのに、そのクセが変わっていたんだ。チームのみんなは、

「イカロス、なんだか生まれ変わったみたいだね」

なんていっていたよ。

けれど、ボクが太陽の方を向くクセが変わったせいで、少しこまったことになってしまった。

カメラ2　　カメラ1

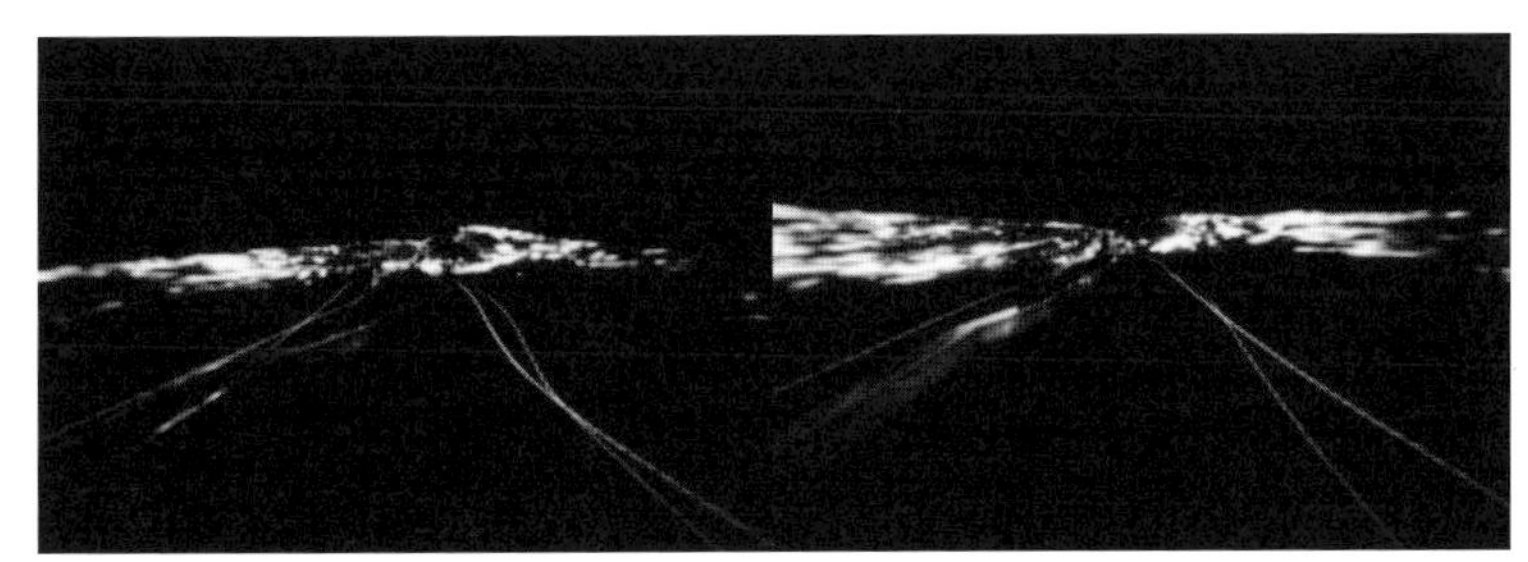

カメラ4　　カメラ3

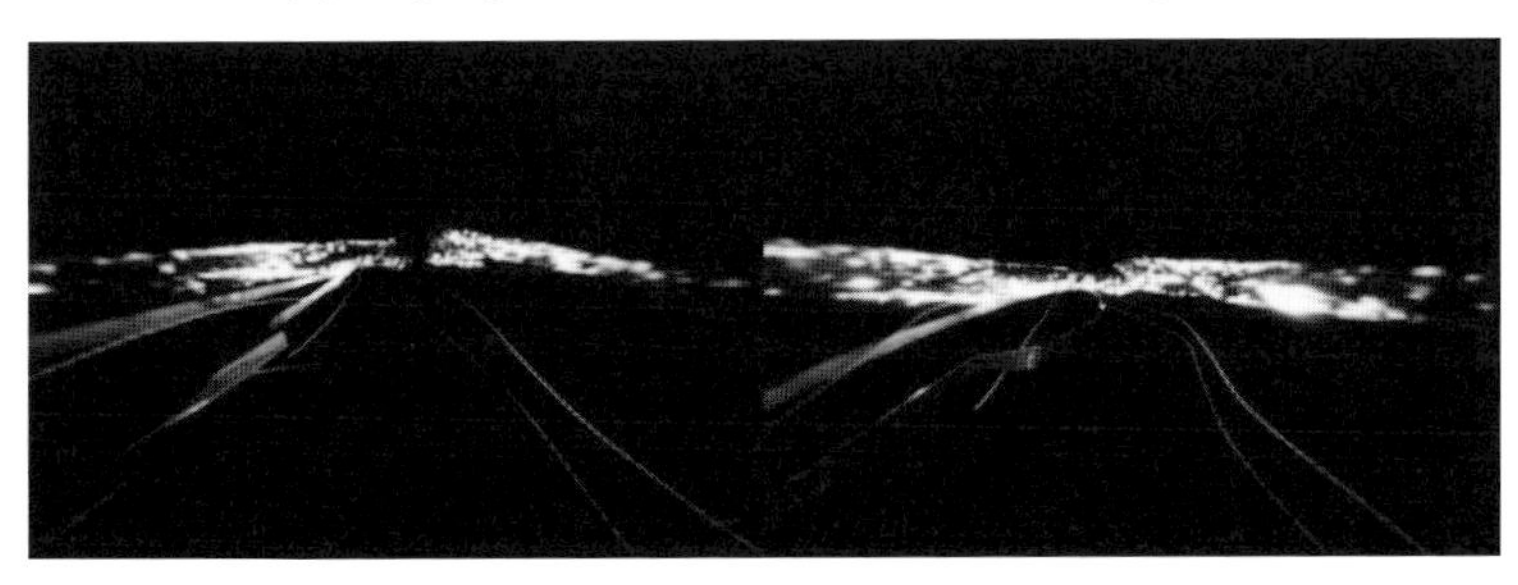

0回転の時の帆のようす　逆スピンミッションで、少しの間、0回転になった時の帆の写真。帆はたわむことなく、ピンとはったままです。

ボクは、太陽の光で電気をつくっている。

　それなのに、太陽の方を向かなくなったら、ボクの体や実験装置を動かすのに十分な電気がつくれなくなってしまう。

　ボクは、十か月で太陽のまわりを一周している。

　けれど、このままだと七か月は電気がたりなくて、冬眠するようにねむってしまうらしい。

　起きていられるのは、たった三か月。

「冬眠しないように、ガスをぷしゅっとふいてみる？」

「うーん、冬眠にそなえてガスをふいてはもらうけれど、冬眠しないようにはできないなぁ。キミのガスは残り少なくてね。十二月にはなくなる計算なんだ」

ああ、そうか。

ボクは半年のミッションを成功させればよかったから、二十キロしか燃料を持ってきていないんだった。

それに、ボクの寿命は一年で設計されている。本当に一年で死んでしまうことはないけれど……。

そして、二〇一一年十二月には、計算通り燃料がなくなった。

これからは、本当に燃料なしのエコ運転にチャレンジだ！

けれど、二〇一二年になったら冬眠の時期がやってくる。

「冬眠している間、ボクは迷子にならない？　地球と会話できない時間が長いと、時計が正確に動かなくなるし、太陽の光におされてどんどん進んでしまうけど……」

ちょっと心配になって、チームのみんなに聞いてみた。

「だいじょうぶ！　今のうちにたくさん、距離や場所を計算して、キミが目を覚ますころに、ちゃんと起こしてあげるから！」

「そうだよね！　はやぶさ兄さんは、とつぜん迷子になったけど、見つかったもんね」

ボクは安心して冬眠することにした。

最初の冬眠は二〇一一年の十二月二十九日だったみたい。

みたい……っていうのは、冬眠に入る直前はなんだかねむくて頭がボーッとしていたから、よく覚えていないんだ。


「イカロス。イカロス！　起きてくれ！」

「？？　どこかでボクをよんでる声がする……。あ、地球だ！　こちら、イカロス。みんな、おはよう」

「よかった、起きてくれたね！　体の調子はどうかな？」

「うん、元気だよ！　今、何月何日？」

「二〇一二年の九月八日だよ」

「あれ、ボクだいぶ寝坊したかな？」

「いや、キミをさがすのに少し時間がかかったんだ。待たせてごめんね。じつは、キミを見つけてくれた人は、迷子のはやぶさを見つけた、臼田アンテナにいる同じ人なんだよ」

「本当？　うれしいなぁ。ありがとう」

「さぁ、これからたくさん、宿題をやってもらうよ！」

「りょうかい。がんばる！」

宿題って聞いて、ボクはバッチリ目が覚めた。ねるのにもあきたし、宿題だってやる気まんまんだ。

しかも、目が覚めたボクに、うれしいニュースが待っていた。ねている間に、はやぶさ兄さんの映画『おかえり、はやぶさ』で紹介してもらったり、『イカロス君のうた』ができたりしたんだって！

ファンの人たちが、ボクをイメージした歌をつくってくれたんだ。

「♪世界はつの、宇宙ヨ〜ットー。イ・カ・ロ・スくーん♪」

ボクも歌いながら、どんどん宿題をこなすぞー！


九月十三日には、宇宙にきて初めて、中くらいの声を出せる頭のアンテナを使ったんだ。

これで、ボクが持ってきた機械は全部使えた。やった!!

それに、ボクがうんとゆっくり回転したり、少しの時間0回転になっても、帆がからまなかった理由も教えてもらった。

帆が裂けることをふせぐ補強テープや、太陽電池の反りが、まるで骨組みのように少しかたくなって、帆をささえてくれていたんだって！

宇宙にくる時に、帆をたたんでおいてよかった。

こうして、ボクは七か月冬眠して、三か月起きる生活になった。

二回目の冬眠は、二〇一二年十一月から二〇一三年六月まで。

この時の冬眠明けにも、うれしい知らせが待っていた。二〇一二年十二月四日に、ボクとDCAM1ちゃん・DCAM2君がギネス世界記録になったんだって。

あと、チームのみんなから、これからも冬眠明けごとに話しかけてもらえると聞いて安心した。

「イカロスがためてくれているデータは、とても貴重だからね」

「そっか、ありがとう！」

冬眠から覚めても、だれとも話ができなかったらさみしいからね。

ただ、二〇一一年十二月を最後に、ボクの進むコースを

「イカロス」「DCAM」のギネス世界記録 イカロスは“世界初の宇宙ヨット”として、DCAM1・2は“世界最小の惑星間子衛星”として、ギネス世界記録に認定されました。
左：森治プロジェクトリーダー（イカロスチームの責任者）、右：澤田弘崇研究員（DCAM開発責任者）。

正確にはかってもらっていない。姿勢だけは、はかってもらっているけれど……。

冬眠明けごとに話ができるよう、ボクの飛ぶコースをこれからもうまく予測してね。


三回目の冬眠は、二〇一三年九月から二〇一四年の五月まで。

声をかけてもらえた時は、とてもうれしかった。ボクが何回冬眠しても、声をかけてもらえるのは、ボクの飛ぶコースの予測がずっとうまくいっているという証拠だからね。


じつは、五月二十一日はボクが打ちあげられて四回目の誕生日だから、少し早く起きて地球から声をかけられるのを待っていたんだ。

地球で応援してくれている人たちから、誕生祝いのメッセージや絵をたくさんもらった。みんな、本当にありがとう。

ボクは、まだまだ地球との距離が遠くて、持っているデータをなかなか地球にとどけられない。それがじれったい。

でも、これからはだんだん地球に近づいていく。次はもう少し会話がしやすくなるとうれしい。

四回目の冬眠は、二〇一四年の七月から二〇一五年の四月まで。今回も、声をかけてもらうより先に起きて待っていたよ。はやぶさ兄さんの弟、はやぶさ2君のことが早く知りたかったから。だって、イカロスチームだった人たちが何人もはやぶさ2君のチームにいる。だから、ボクも応援しているんだ。

「イカロス」4さいの誕生日　4さいの誕生祝いに、イカロス君のファンからおくられたイラストです。何年たっても、イカロスの活躍を応援してくれるファンがたくさんいます。

はやぶさ2君は、二〇一四年十二月三日に、宇宙へやってきたんだって。その時、ボクが冬眠中だったのが残念だ。でも、これから宇宙船のセンパイとして、いいところを見せるぞ！

ボクの帆は今もちゃんと太陽の光を受けてスピードをあげている。逆回転の後から回転が速くなっていたけれど、今は一分間に五〜七回転で安定している。つまり、まだまだボクは元気でがんばれるってこと。

ただボクと、地球との角度があまりよ

くなくて、まだふつうの会話ができない。

それでも、暗号でためていたデータをたくさん送った。チームのみんなは、切れ切れだったボクの声を、受けとってくれた。送ったデータがうまく読めますように！

二〇一六年八月二日には、ボクが出発してから六年ぶりに地球へ最接近する。その時ボクはまだ冬眠中だけれど、十一月には目を覚まして地球を見られる予定だ。

それに、地球に近づくってことは、撮りためた帆の写真やデータをたくさん送れるチャンスでもある。

地球を旅だってからもう六年以上もたったけれど、ボクは、まだまだ元気。

はやぶさ兄さんは七年間がんばった。ボクはその記録をこえてみせる。

そして、ボクの弟が宇宙へやってくるところを見とどけたい。

ボクは、世界初の宇宙ヨットイカロス。

これからも、宇宙の冒険を元気に続けるからね！

次世代ソーラーセイル予想図　イカロスの弟となる次世代のソーラーセイルは、木星のトロヤ群の小惑星を目ざす約30年にわたるミッションになります。もしかしたら、読者のみなさんが開発者になっているかもしれませんね。

イカロスの後継機の計画

イカロスは、世界で初めて宇宙で帆を広げ、帆にはられたうすい太陽電池で電気をつくり、太陽の光で加速して宇宙を旅することが大きな目標でした。その目標は達成しましたから、次の目標は、さらに遠い深宇宙での探査となります。

具体的には、世界で初めて木星トロヤ群小惑星を探検することです。

木星トロヤ群とは、太陽を回るコースが木星と同じで、木星の前後六十度の位置にいる小惑星のグループのことです。まだどこの国の宇宙船も行ったことはありません。そこへ行くには、あまりにもたくさんの燃料を使ってしまうからです。そこへ日本が最初に行こうという計画なのです。

木星のトロヤ群を目ざすイカロスの後継機は、帆の面積がイカロスの十～十五倍となるソーラー電力セイルと、はやぶさより二～三倍の性能のイオンエンジンを組みあわせた宇宙船となる予定です。

なぜなら、ソーラー電力セイルだけでは時間がかかりすぎ、イオンエンジンだけでは燃料が大量で重くなりすぎるからです。イオンエンジンは、ふつうの宇宙機のエンジンとくらべると、十分の一の燃料ですみます。しかし、それほど燃費がよいイオンエンジンでも、木星まで行くには燃料が大量になりすぎるのです。

ですから、うすい太陽電池をたくさんはってつくることができるソーラー電力セイルと、とても燃費のよいイオンエンジンを組みあわせるのがよいといえます。大きな帆は、イオンエンジンを動かすための電気をつくるだけでなく、液晶デバイスを使って体の向きを変えることにも利用します。ですから、イカロスの後継機は、はやぶさとイカロスのよさを受けつぐ宇宙船といえます。

現時点での打ちあげ目標は二〇二〇年代前半。ターゲットとなる小惑星への到着は約十年後。そこで、小型の着陸船を自動運転で着陸させ、表面と地下からカケラをとってその場で調べます。さらにカケラを地球へ持って帰ることも考えています。地球へもどってくるのは出発から約三十年後で、長い年月が必要となる計画です。

まだだれも行ったことのない惑星に行くだけでなく、帰ってくることができるのは、ソーラー電力セイルが燃料を使わない、すぐれた宇宙船だからです。

この計画を実現するためには、次世代の技術者たちの協力がかかせません。この本の読者から、次世代の技術者仲間が出てきてくれたら、とてもうれしいことです。

「きみも太陽系をヨットに乗って旅しよう！」

おわりに 〜これからも続く航海〜

ボクが宇宙の旅に出て六年以上たった。

出発してすぐ帆を広げて世界初の宇宙ヨットになってから、半年後にはすべてのミッションを終えて一人前のソーラー電力セイルになった。

一年半後には逆回転など、もっとむずかしいミッションも成功させた。

その後は、冬眠と冬眠明けをくりかえしながら、宇宙の旅を続けている。

冬眠から覚めると、『イカロス君のうた』ができていたり、ギネス世界記録になっていたり、うれしいビックリが待っていた。

二〇一四年には、はやぶさ兄さんの弟、はやぶさ2が宇宙へやってきた。ボクとあかつき君が深宇宙に飛びだしたとき、はやぶさ兄さんがいてくれた。今度は、その弟が深宇宙へやってくるのを、ボクとあかつき君でむかえられたんだ。うれしかったなぁ。

そうそう、あかつき君は二〇一五年十二月七日、金星に向かう再チャレンジに成功した。五年前と同じ日に成功するなんてすごい。本当によかった！ あかつき君は、これから二年間かけて金星の天気を調べるんだって。

そして、二〇二〇年には、はやぶさ2が地球にもどる予定だ。


同じころ、ボクの弟が宇宙へ行く計画もある。だから、ボクは弟が宇宙へ旅立つ日まで元気でいたい。

なにしろ、ボクの弟は、一辺五十メートルの大きな帆をもっている。それに、はやぶさ兄さんよりずっと性能のいいイオンエンジンもついている。だから、ボクの弟でもあるし、はやぶさ兄さんたちの弟でもあるんだ。

ミッションは、木星の近くにいる小惑星からカケラをとってくること。

小惑星に着いたら、まず、宇宙船本体から着陸機を切りはなして、小惑星に自動運転で着陸させる。

次に、表面と地下からカケラをとる。着陸機はその場でカケラを調べてデータを地球に送ることができるんだって。

それから、着陸機は小惑星から離陸して、小惑星のカケラを本体に手わたす。

だから、カケラを持って地球にもどってくるのは、本体だけだ。

しかも、行って帰ってくるまで約三十年もかかる。とても長いけれど、やりがいのあるミッションだ。

まるで、SFの世界の話みたいだけど、計画も、ちゃくちゃくと進んでいるよ。

二〇一六年の三月には、実物大の体に実物大の帆をまきつけて、広げる実験をしたんだって。七月には実物大の四分の一（1ペタル）の帆を広げて、体と帆をつなぐひも（テザー）をはりつける実験もしたって。ボクと同じサイズの帆とならべて、大きさくらべもしたみたい。ほかにも、新しい機能の開発がいろいろと進んでいる。

長い時間のかかるミッションだから、チームの人たちも、次つぎに若い人たちにバトンタッチをしながら、進めていくんだ。

もしかしたら、そのバトンを受けとってくれるのは、将来のキミかもしれないね！

ボクにもいつか、弟へバトンをわたす日がくる。でも、それまでボクの旅はまだまだ続いていく。

だから、キミがこれからもボクたちを応援してくれたらうれしい。

ボクは宇宙から、キミの夢を応援しているよ！

※このお話は、二〇一六年七月十三日の時点でわかっている事実と科学者の推測をもとに、イカロスを擬人化し再構成しています。

1★宇宙ヨットってなあに？

最初に宇宙ヨットが考えだされたのは、じつは百年も前。でも、初めて考えられた時には、宇宙で使えるほど、うすくてじょうぶな帆になる材料がなかった。だから、本当に宇宙ヨットができるなんて、だれも思っていなかったらしい。

それが、一九六〇年代後半になると、宇宙で使える、うすいじょうぶな帆の材料がつくられるようになった。

それから、宇宙ヨットの研究がさかんになって、一番乗りを目ざして世界中で競争になったそうだ。その中で、日本生まれのボクが、一番最初の宇宙ヨットになったんだよ。

帆の材料は、ポリイミドという、黄色くすきとおった、とてももとてもうすい膜。髪の毛の十分の一よりうすいんだ。世界で一番活躍しているのは、日本製のポリイミドだよ！

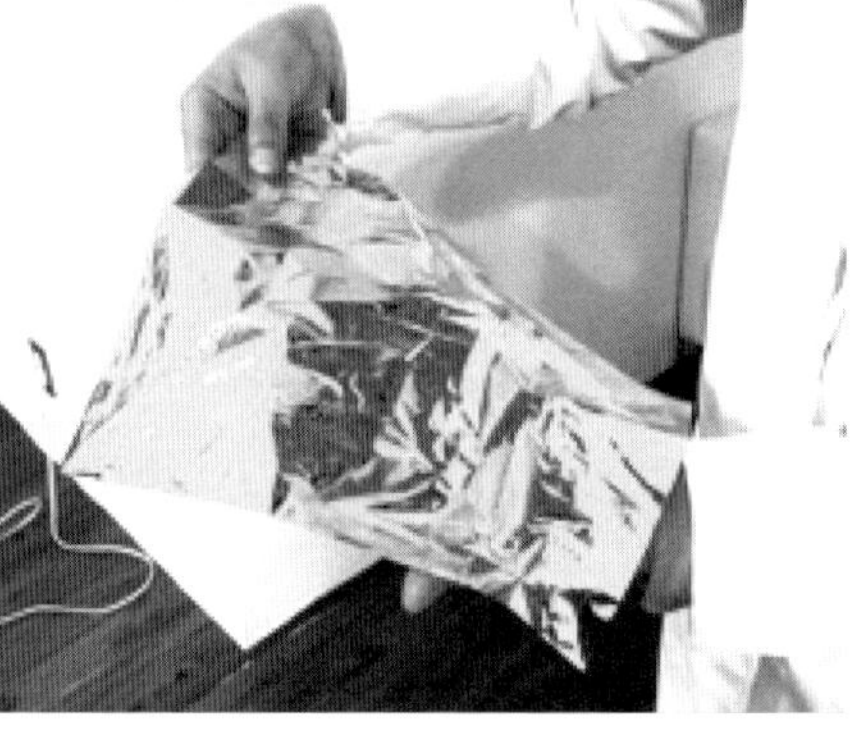

「イカロス」の帆になるポリイミド
写真のポリイミドには、イカロスの帆と同じようにアルミがはりつけてあり、表面はアルミホイルのような銀色、裏面は金色です。

ところで、宇宙には空気も風もないって知っている？　地球上ではヨットは風の力で進む。宇宙ヨットは、風のかわりに太陽の光が物をおす力で進むよ。

ただ、太陽の光が物をおす力は、空気が物をおす力よりずっと弱い。だから、空気のある地球では太陽の光が物をおす力は感じないよ。

空気のない宇宙だから、太陽の光が物をおす力で進めるんだね。

太陽の光がボクの帆をおす力は一グラム。一円玉の重さと同じだよ。でも、宇宙で一度もらったスピードは、ブレーキをかけなければ落ちることはないんだ。

だから、ほんの少しの力でも、ずっとおしつづけてもらえば、計算上では光の速さまでスピードをあげつづけることができるよ。

2★スラスタってなあに？

スラスタというのは、小型のロケットエンジンのこと。宇宙船を進めたり、向きを変えるための装置のことだよ。

スラスタには、いくつか種類があるけど、ボクのは「気液平衡スラスタ」という新しいタイプ。タンクの中に推進剤とよばれる液体を入れておいて、その液体をガス（蒸気）にして、いきおいよくふく。

このガスのいきおいで姿勢を変えることができるよ。スプレーの噴射の力で体を動かす、と考えてみてね。

ただ、宇宙では地上とちがって、液体もガスも重さがなくなってまざってしまう。だから、ガスだけふくのはとてもむずかしい。

ボクのスラスタの燃料タンクには、「発泡金属」がしきつめられている。「発泡金属」っていうのは、小さな空間がたくさんある金属のこと。この小さな空間に液体がまとわりつくおかげで、うまくガスだけをふけるようになっているよ。

気液平衡スラスタを最初に使ったのはボクではないけれど、予定通りうまく動かせたのは、じつはボクが世界で最初だよ。

3★遠心力ってなあに？

みんなは、水の入ったバケツをふりまわしたことはある？　バケツを、ぐるぐる早く回していると、中の水はバケツの底にくっついたままだよね？　この、外側に引っぱられるように感じる力を「遠心力」というよ。速く回転するほど、遠心力も強く感じられるんだ。

ボクは、この力を使って帆を広げる「スピン（回転）型」という宇宙ヨット。スピン型の宇宙ヨットをつくっているのは日本だけ。帆をきれいにたたんで体にまきつけて、回転させながら広げる。その姿が、外国の人にはきれいなオリガミに見えるみたい。だから、「オリガミヨット」っていう、ニックネームももらったよ。

ちなみに、外国ではマスト型という宇宙ヨットが研究されている。マスト（支柱）をのばして帆を広げるタイプだ。マスト型はつくるのは簡単だけど、骨組みの分、重くなってしまう。

アメリカが開発した宇宙ヨット

「ライトセイル1号」のイメージ図。イカロスと似た形をしていますが、マストをのばして帆を広げる「マスト型」です。

将来大きな宇宙ヨットをつくろうと思ったら、ボクみたいなスピン型じゃないとダメなんだ。でも、スピン型をつくるのはとてもむずかしい。帆がきれいに広がらないと、からまってしまうからね。

じつは、ボクの帆をどういう形にすると失敗なくきれいに広がるか、オリガミを使って、いろいろ研究してもらったんだ。

ボクは、失敗なく広がりやすい、四角い

帆になった。でも、ボクの後につくられる宇宙ヨットの中には、もっと変わった帆の形の宇宙船が出てくるかもしれないね。

スケートリンクで帆を広げる実験のようす

遠心力でうまく帆が開くかどうか、スケートリンクで実験をおこないました。実際のおもりのかわりに、カーリングのストーンを使っています。時間がすぎていくにしたがって、帆が開いていくようすがわかります。

4★深宇宙ってなあに？

宇宙はとても広い。だから、地球からどのくらいはなれているかによって、宇宙のよび名も変わっていく。

宇宙の始まりは、地球の上空百キロから。ここから二百万キロまでを「近宇宙」とよんでいる。

国際宇宙ステーション（ISS）は、上空四百キロの高さを飛んでいるよ。人工衛星とよばれるほかの宇宙船も、だいたい四百～一千キロの高さで地球のまわりを回っている。人工衛星はみんな近宇宙にいるんだね。

二百万キロから先を「深宇宙」とよんでいる。地球から月までが三十八万キロ。その五倍以上もはなれないと、深宇宙とはいわないんだ。あかつき君が目ざした金星は、もっとも地球と近づく時でも、四千万キロもはなれているよ。

さらに、百億光年（光のスピードで百億年かかる距離）よりはなれた宇宙を「超深宇宙」とよぶこともある。

ボクが帆を広げたのは、地球から七百万

キロはなれた所だった。とても遠い宇宙を冒険しているって、わかってくれた？

　ボクが深宇宙に飛びだした時、深宇宙を旅していた日本の宇宙船は、はやぶさ兄さん、あかつき君とボクと三機もいたんだよ。

5★惑星間子衛星ってなあに？

　地球は、太陽のまわりを回っている。太陽のまわりを回っている星のことを惑星とよぶよ。太陽系の惑星は、水星、金星、地球、火星、木星、土星、天王星、海王星の八つ。

　だけど、太陽のまわりを回る惑星はほかにもある。じつは、それがボク。いつも、金星と地球の間にいて、太陽のまわりをぐるぐる回っているからね。

　でも、ボクは人がつくった宇宙船。だから、地球のような惑星とは区別して『人工惑星』とよぶ。人工惑星は、一時的でも電波を送れることが条件なんだ。ふたごのＤＣＡＭ２君とＤＣＡＭ１ちゃんも、ボクの写真を電波で送ってくれた。今は、ねむったまま太陽のまわりを回りつづけているけれど、ふたりとも『人工惑星』といえるんだね。

　だけど、ＤＣＡＭ２君とＤＣＡＭ１ちゃんは、『子衛星』というよび方もされる。『子衛星』には、本体からはなれて別行動をする宇宙機という意味があるんだ。

　ＤＣＡＭ２君とＤＣＡＭ１ちゃんは、写真を撮る時にボクから飛びだした。だから、惑星の間で太陽を回る、世界で一番小さい『惑星間子衛星』としてギネス世界記録になったんだ。

6★液晶デバイスってなあに？

　ボクの液晶デバイスは、帆に七十二枚つけられていて、姿勢を変えるために使われている。

スイッチがオンの時は透明になって、スイッチがオフだと、くもりガラスのようになる。

ボクの帆には銀色のアルミがくっついているから、スイッチがオンになると、下のアルミが見えて鏡みたいになる。オフの時は、くもった鏡みたいになるんだ。

きれいな鏡を見ると、顔がはっきり見えるね。これは、光がまっすぐ入って、まっすぐはねかえるからなんだ。でも、鏡がくもっていると、顔がうまくうつらないね。これは、光がうまくはねかえらないで、あちこちにいってしまうからなんだ。

液晶デバイスは、この仕組みを使っているよ。オンの時は、きれいな鏡みたいに太陽の光をまっすぐ受けるから、強くおされる。オフの時は、光がにげてしまうから、弱くおされる。

両手を広げて立って、左手を強い力でおされて、右手は弱い力でしかおされないと考えてみて。すると、左手にかかる力が勝つから、キミは左に回転してしまうね。

ボクは、この液晶デバイスのオンとオフの切りかえを調節して、太陽光だけで姿勢を変えられるよ！

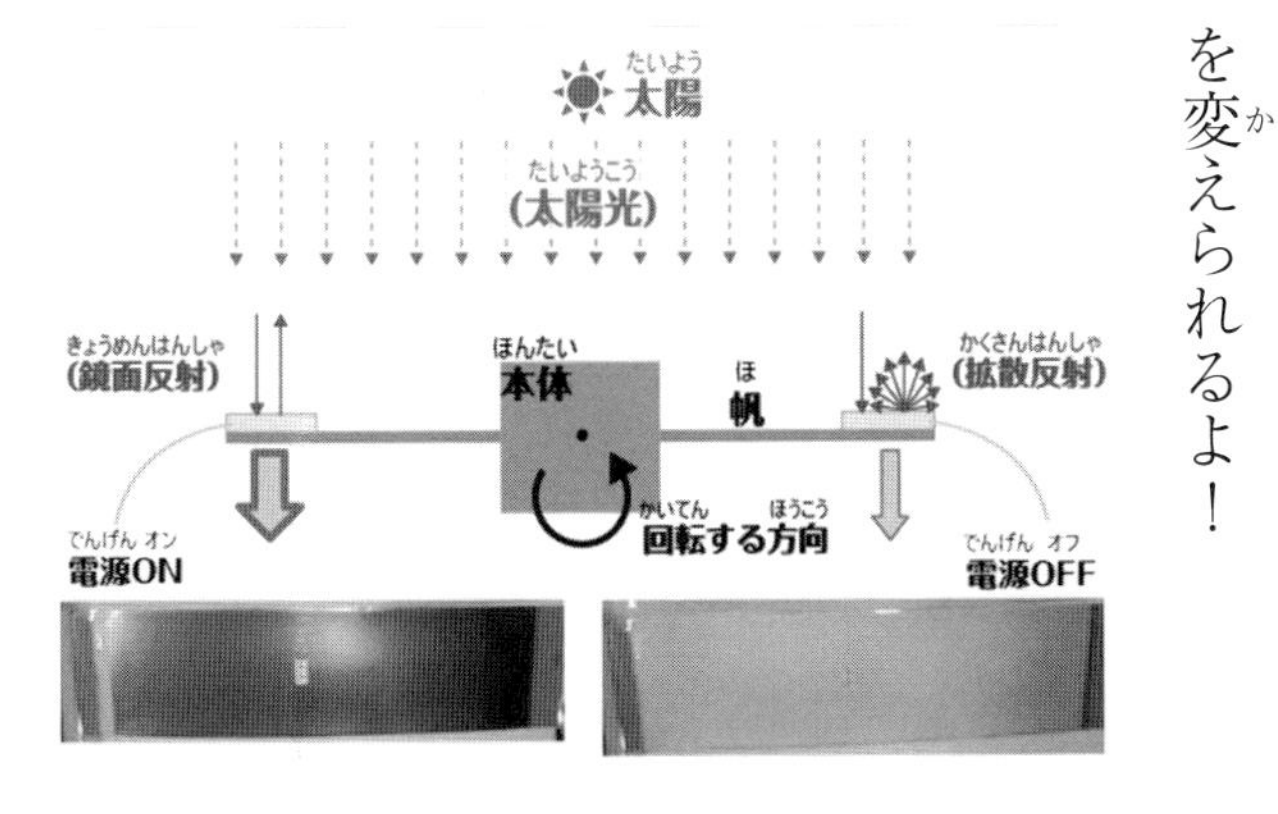

「液晶デバイス」で向きを変える仕組み

「オン」の時は光をまっすぐはねかえし（鏡面反射）、強い力を受けます。「オフ」の時は光をあちこちにはねかえし（拡散反射）、受ける力が弱くなります。この図では、反時計回りに向きを変えます。

●メッセージ

「きみも太陽系をヨットに乗って旅しよう!」

森　治（「IKAROS」プロジェクトリーダー）

「宇宙の仕事に就くにはどうしたらいいですか?」という質問を時どき受けるのですが、少しなつかしい気持ちになります。じつはわたし自身、高校時代にJAXAのもとになった宇宙機関に電話をして同じ質問をしたことがあるからです。

わたしが宇宙を目ざすようになったのは高校一年の時です。アメリカの宇宙機関であるNASAがつくった宇宙船「ボイジャー」が木星・土星・天王星・海王星の近くを通過するミッションをやりとげたことを、たまたま見ていたテレビで知りました。

そのころ、日本にはまだ大型ロケットもなく、高校生のわたしにとって強烈なインパクトでした。そして、自分も宇宙にたずさわる仕事がしたいと思うようになり、思いきって直接電話をしたのです（そのころのわたしは日本で一番宇宙をやりたいといっていたと思います）。

そして、宇宙について学ぶことができる大学に行こうと一生懸命勉強しましたが、浪人しても希望の大学には受かりませんでした。しかたなく別の大学に入学したところ、①幸運なことに宇宙船の専門家が新たにその大学の先生になり、わたしはその先生のもとで宇宙船の研究をすることができました。

大学卒業後、宇宙船をつくっている会社に就職しました。しかし、どの会社でも宇宙の仕事は非常に人気が高く、その会社でわたしの希望はかないませんでした。そこで、思いきって三か月で会社をやめ（新記録だといわれました）、ふたたび大学にもどって研究を続け、博士の資格をもらいました。そして、②幸運なことにＪＡＸＡに就職できたのです。

要するにわたしは、大学受験や就職という人生の一大イベントに失敗したにもかかわらず、結局は希望がかなった、単にラッキーマンなのです……といってしまったらそれまでなので、もし仮に二つのラッキーがなかったらどうなっていたか、少し考えてみましょう。

まず、大学で宇宙船の研究ができたというラッキーについてですが、じつは、ＪＡＸＡの職員で大学時代に宇宙に関する研究をしていた人は多くはありません。

「宇宙船は通信、エンジン、コントロールなど、さまざまな分野が組みあわさっています。さらに、教育や広報、海外との交渉なども重要な仕事です。どの分野であっても、一流であれば宇宙の仕事に就けるので、ぜひがんばってください」

これが、前記の電話の回答でした。つまり、仮に最初のラッキーがなかったとしても、くさらずにがんばって研究していれば、宇宙の道に進めたのです。次にJAXAに入れたというラッキーについてですが、JAXAは何度でも受けることができます。また、JAXAでなくても宇宙の仕事はできます。実際、ロケットや宇宙船は多くの会社が力をあわせてつくります。わたしは、最初に就職した会社では宇宙船をつくる仕事がかなわなかったのですが、大学にもどって博士の資格を得たのちに、ふたたび希望したら今度は希望が通ったかもしれません。

つまり、ラッキーにたよらなくても、信じて努力していれば宇宙への道はひらけるものなのです。そして、これは宇宙にかぎらず、ほかのことについてもきっと同じことがいえます。

さて、JAXAに入って、イカロスを実際につくって動かして、強く感じたのは、「モノづくりはおもしろい」ということです。

頭の中にあるイメージとちがい、モノは自然の中に存在します。そのため、自然現象（引力や熱の伝わりなど）の中で、モノがどうやって活躍するかを想像することが大事です。そして、実際にモノをつくってみることで、成果をきちんと確認するのです。
いくら頭の中でうまくいっていたとしても、自然現象をよく理解してつくらないと、実際にはモノはうまく動きません。もちろん、モノづくりに、おどしやおまけといったインチキも通用しません。なぜなら、相手は自然の法則だからです。

しかし、モノづくりはきびしいだけではありません。失敗したモノでも、よく観察すれば、何がダメだったかを見つけることができます。これを修正して、やりなおせば次はうまくいくかもしれません。さらに、成功したモノでも、もっと観察して細かな点をよくしていけば、完璧なモノに近づくでしょう！

じつは、イカロスをつくる前にたくさんの実験を行いました。たとえば、スケートリンク上で重りをすべらせて帆を広げる試験は三十回くらいやりました。スケートリンクと聞くと楽しそうですが、昼間は借りられないので、毎回徹夜です。しかも、帆はきれいに広がらないと、びりびりにやぶれてしまいます。巨大な帆を修理して、たたんで巻きつけるだけでも十人がかりで一週間はかかります。冬の夜中に失敗した時は本当に身も心も寒いですが、実際に成功したのはたったの二回です（5ページの写真はそのうちの一回です）。
このように一つ一つの実験をコツコツやって、成功・失敗にかかわらず、結果をよく見て次につなげていったおかげで、イカロスは宇宙という一発勝負の舞台で見事成功したのです。そして、イカロスもまた、次のソーラー電力セイルにつなげるための実験機なのです。

モノづくりは、地道な努力が不可欠で、日本人にとてもあっていると思います。小さな島国の日本が世界の一流国でいられるのは、「モノづくり大国」であるからなのです。最近は海外の安いモノづくりにおされ気味ですが、日本はこれからもモノづくりで世界をリードしていくべきだと思います。

モノづくりというのは夢をかなえることに似ているような気がします。夢も実現するためには、成功・失敗にこだわりすぎるのではなく、果敢に挑戦しつづけることが大事だからです。

もちろん、すべての夢が実現するわけではありません。でも夢中になってがんばっていること自体に意義があり、ダメでもきっと新しい道がひらけると思います。今思えば、宇宙の夢を目ざしてがんばっていた日々は、苦しくも、とても充実した日々でした。とくに、会社をやめて大学で宇宙船の研究を続けていた時には、もし仮に宇宙の仕事に就くことができなくても悔いはないという気持ちになりました。

はっきりとした夢があればだれでもがんばれます。わたし自身、高校時代は受験勉強ばかりしていましたが、親に勉強をしろ、といわれたことはありません。ではどうやって夢を見つけるのか？　わたしはたまたまテレビでボイジャーのことを知り、思いきって宇宙機関に電話をしました。そして気がつけば、自分が宇宙船を運転する姿を想像するようになっていました。大事なのは、興味があることに、まずは第一歩をふみだすことです。そうすればきっと、その中のいくつかは夢に成長していくことでしょう。

宇宙プロジェクトは、税金を使って行うため、失敗すればきびしく批判されます。正直にいうと、挑戦がこわくなる時もあります。何もやらなければ失敗して傷つくことはありません。しかしそれでも、イカロスの次のソーラー電力セイルをつくってみたいという気持ちがまさるのです。

みなさんにもぜひ、夢を持って挑戦しつづけてほしいと思います。なぜなら、「夢」を目ざしている途「中」は、本当に「夢中」になれるものだから……。

「さぁ、きみも太陽系をヨットに乗って旅しよう！」

★イカロスがつくった世界初の記録

・深宇宙で帆を広げ、加速し、航法誘導した惑星間ソーラーセイル（宇宙ヨット）となったこと　※「ギネス世界記録」認定
・帆にはった、うすい太陽電池で発電したこと
・分離カメラで全身を「自分撮り」したこと
・２つの分離カメラが世界最小の惑星間子衛星になったこと
　※「ギネス世界記録」認定
・「ＧＡＰ」を使ってガンマ線バーストの偏光を確認したこと
・太陽の光で史上最大の加速をしたこと
・「液晶デバイス」で姿勢を変えたこと
・「風車効果」を使って姿勢を変えたこと
・逆回転で宇宙を旅することができたこと
・冬眠状態から４回（2016年５月時点）目覚めていること

★きみもイカロスをつくってみよう！

文溪堂のホームページから、イカロスのペーパークラフトの設計図をダウンロードできるよ！

http://www.bunkei.co.jp/ikaros

監修・森 治（もり おさむ）

1973年愛知県生まれ。

東京工業大学大学院理工学研究科機械物理工学専攻修士課程修了。工学博士。東京工業大学工学部機械宇宙学科助手、JAXA（宇宙航空研究開発機構）宇宙科学研究本部宇宙航行システム研究系助手を経て、現在JAXA宇宙科学研究所助教、月・惑星探査プログラムグループリーダー併任。

IKAROSプロジェクトリーダー。これまでに、小惑星探査機「はやぶさ」の運用、M-Vロケットの打ち上げなどに携わり、「はやぶさ２」プロジェクト、ソーラー電力セイル・ワーキンググループも兼任。

文・山下 美樹（やました みき）

ＮＴＴでの勤務を経て、フリーライターに。ＩＴ・天文などの分野で著作多数。その傍ら、日本児童教育専門学校ＪＪＥカレッジで岡信子氏に、ＪＦＤＣアカデミー童話セミナーで小沢正氏に師事、童話創作を学ぶ。

主な作品に『ケンタのとりのすだいさくせん』『ケンタとアマノジャック』『「はやぶさ」がとどけたタイムカプセル』（いずれも文溪堂）、『なぜ？ どうして？もっと科学のお話』（学研教育出版）がある。日本児童文芸家協会会員。

■参考資料

『宇宙ヨットで太陽系を旅しよう』（岩波書店）
『イカロス君の大航海』（宇宙航空研究開発機構）
「イカロス君のうた　ＤＶＤ研究者インタビュー」（「イカロス君のうた」震災復興義援金プロジェクト）
ＪＡＸＡホームページ　http://www.jaxa.jp/

★取材・写真協力

ＪＡＸＡ

「ＩＫＡＲＯＳ」プロジェクトチーム

★イラスト協力

GO Miyazaki

世界初の宇宙ヨット「イカロス」 ～太陽の光で宇宙の大海原を翔けろ！～

2016年 8月 初版 第1刷発行
2017年 5月 第2刷発行

著 者 山下 美樹
監 修 森 治
発行者 水谷 泰三
発 行 株式会社**文溪堂** 〒112-8635 東京都文京区大塚3-16-12
TEL (03) 5976-1515 (営業) (03) 5976-1511 (編集)
ホームページ http://www.bunkei.co.jp
編集協力 志村 由紀枝
装 丁 村口 敬太（株式会社 スタジオダンク）
印 刷 図書印刷株式会社 製 本 株式会社若林製本工場

NDC916/119P 223×193mm ISBN 978-4-7999-0168-7
落丁本・乱丁本はおとりかえいたします。定価はカバーに表示してあります。